瑜珈天后
LuLu的瘦身美學

How to
Keep Shape & Build
Your Perfect ,
Sexy Body With
Yoga

瑜珈天后
LuLu的瘦身美學

How to
Keep Shape & Build
Your Perfect ,
Sexy Body With
Yoga

瑜珈天后
LuLu的瘦身美學

How to
Keep Shape & Build
Your Perfect ,
Sexy Body With
Yoga

瑜珈天后
LuLu的瘦身美學

How to
Keep Shape & Build
Your Perfect ,
Sexy Body With
Yoga

瑜珈天后
LuLu的瘦身美學

How to
Keep Shape & Build
Your Perfect ,
Sexy Body With
Yoga

胖公主變身 3

LuLu

Queen of Slim Yoga

胖公主13年塑身心得總集×破解13大難瘦部位

目　　錄
Chapter

讓妳線條變美的幾個練習Feel Good, Look Good, Do Good
姿勢錯誤的後遺症01：小腹、扁臀、水桶腰
姿勢錯誤的後遺症02：骨盆歪斜、扁臀、垂臀、大腿粗
姿勢錯誤的後遺症03：駝背、三層肉

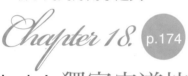

Chapter 19. p.184

美塑身保養聖品
獨家大公開
Choice Slim Products Of LuLu's Box

減肥瘦身，除了多做瑜珈和多運動
之外，還可以多多利用一些輔助產
品來加速效果喔！

Chapter 20. p.190

LuLu媽s'美麗廚房日誌
My Cooking Diary

19 WAYS
TO EAT HEALTHIER
WITHOUT EVEN TRYING

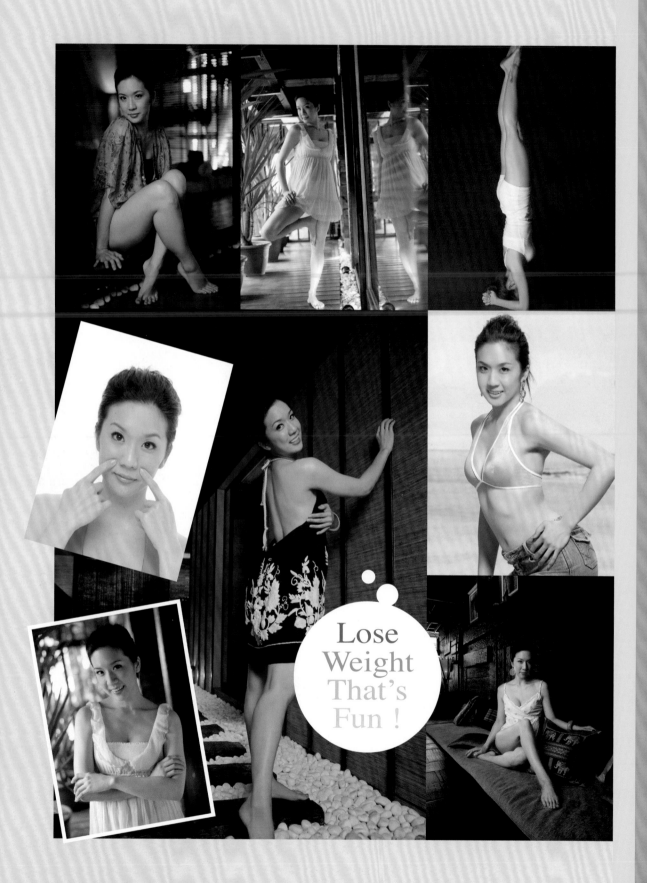

Lose
Weight
That's
Fun !

Queen of 瘦身, *Slim Yoga*
應該是件有趣的事

Lulu
老師自序

自從我成立了教室以來，好多學生問我瘦身的秘方以及平衡荷爾蒙的方法。說真的我不是醫生、營養學家或生理學家，但是我有十足的經驗及把握談瘦身，因為我曾受肥胖所苦十幾年，我太了解一直在體重上掙扎的滋味、沒有自信的痛苦、不喜歡自己的生活…不過，感謝上帝讓我用健康的生活方式找回美麗與自信！

而瘦身第一步是要懂得愛自己的身體。我常常看到許多小女生為了減肥無所不用其極，把自己的身體當實驗品，嚐試了許多可怕的減重方法，也花了許多冤枉錢，重點是連自己的身體也搞壞了還是沒能瘦下來，真是所謂人財兩失！

在上一本著作《lulu胖公主變身記》中，我鼓勵大家用健康的方法減重，而這本書中有許多運動減重原理的分享，主要是大家比較陌生的肌肉解說，希望大家不要只是一昧的運動，如果你對自己的每一塊肌肉有多一層的了解，你會發現瘦身是一件有趣的事，而不再只是病急亂投醫，把自己的身體當白老鼠實驗。

我了解身為現代女性的難為，許多上班族必須背負著工作壓力，如果是已婚的熟女還得要維持家計，及照顧先生、小孩等大小問題，我也是如此。

自從有了小孩後，要保持健康、維持賞心悅目的外表，還要肩負工作重任，確實是不簡單的功課！

還記得剛生完樂樂一個月後我就開始工作，那時最痛苦的事就是工作前的擠奶動作，因為每3個鐘頭我就必須擠一次母奶，而第一個工作就是瘦身內衣的活動，我必須要讓自己的身形維持在一定的狀態，才能夠穿上瘦身衣！

在寒風颼颼的冬天我帶著擠奶器跑了好幾場活動，在多方努力之下我確實在生產完三個月內就讓身材完全回復了，但整個過程是辛苦的！因為既要兼顧家庭、孩子和工作，還要想辦法讓自己一直保持美麗的體態出現在螢光幕前，本來就不是一件容易的事。

我為每一個辛苦的女性加油，也透過此書祝福每一位媽媽、老婆、姐姐、妹妹、阿姨、奶奶們，讓我們成為美麗又有自信的女人，不要再被沮喪及憂愁所打敗，加油！加油！加油！

Luly

Chapter 1

妳敢嗎？
秀出性感**好身材**是道德的！
SHOW *OFF*
YOUR S*EXY* BODY
ON TIME
妳不敢穿無袖背心、露背裝、性感短裙、低胸洋裝、貼身 one piece 嗎？

身材大檢驗的女人戰場

　　只要是女生，沒有不愛美、不想變美的！

　　很多時候，確實再瘦下來一點點會讓我們穿起衣服來更好看、自己也覺得精神和活動力都比較好。因此，現在每個女人最關心的話題都不外是體重、身材和皮膚！大家開始對自己身上的肥肉，和腫脹變形的曲線斤斤計較起來了！

　　是的，冬天的時候，我們還可以藉著厚重的大衣、寬大的外套、厚質料的長洋裝、褲裝、毛衣、夾克…來遮掩發胖不完美的身材！

　　但是，妳總有脫衣服的時候吧？妳也總會遇到夏天吧？夏天一到，滿街漂亮性感的衣服鞋子都出籠了！繽紛又亮麗，是不是每件衣服都很想套上身、每雙性感的涼鞋都很想拿起來試一試？

　　妳一定也很希望自己能有一副不怕被檢驗的好身材！…

　　但是，如果妳不幸有虎背熊腰、蝴蝶袖、凸小腹、大屁屁、水腫的雙足、粗大的腳踝…這時再怎麼用盡心機也很難遮得住，妳只能羨慕其他女生展現她們的美麗，心裡一定很不是滋味！

Fat vs. Belle

露露胖公主
變身記
LULU

『我也好想穿喔！如果我的手再瘦一點、如果我的腰再少個幾吋、如果我再減掉7、8公斤的話，應該就能穿得下了！…』

以前，LULU老師曾經胖到將近70公斤！（有圖為證）我一整個自卑、不敢談戀愛（事實上是沒人敢追我）、跳舞也被人笑是胖天鵝！總覺得每個人都在注視著我肥胖臃腫的身體、暗自在心裡恥笑我！

相信有看過我上一本書《LULU胖公主變身記》的讀者，一定很熟悉我過去長達快7年的減肥血淚史有多麼的慘烈！如果你們看過我以前的照片，你們就會明白那一段日子對我來說像噩夢一樣！而你再看看早已成功瘦下來的我，不僅是瘦而已，我的身材也變得更好了！該凸、該翹、該有女人味的曲線，就算生完孩子後也沒有變形走樣！

我是怎麼做到的？其實一點都不難，瑜珈、飲食、瘦身輔助品，主要是這3種！此外，一些對豐胸瘦身很有效的穴道按摩、上班族最愛的懶人運動，都可以讓你減肥減得既愉快又安全喔！

『瑜珈真的能瘦身嗎？』
More Women Lose Weight With YOGA

相信你們看完這本『瘦身、塑身的聖經』之後，對於"減肥不是夢"這句話一定會有更多的信心、和更深的體會！

很多女生報名上瑜珈課的目的都是想要減肥！因此，常常有人問LULU老師：『瑜珈真的可以瘦身嗎？』

答案當然是肯定的！我個人就是從無意中接觸到瑜珈之後，才開始神奇的甩脫"胖天鵝"的悲情命運！

瑜珈是一種神奇的運動，透過比較緩慢的動作，加上長時間的停留，再配合調節呼吸、伸展、運動到深層的肌肉，幫助燃燒脂肪。而透過瑜珈的呼吸法，更可以達到按摩內臟、促進新陳代謝、加速血液循環及按摩淋巴的效果，體內的毒素較容易排出，身體也不會水腫，所以特別適合虛胖的人來練習。

你知道影響胖瘦最重要的因素是甚麼嗎？就是新陳代謝！

　　身體代謝快的人比較不易變胖，也比較健康。瑜珈動作能藉由刺激身體的腺體及淋巴，進而促進新陳代謝，連動作停留時的吐納也是瑜珈瘦身的秘訣之一！因為深沉的呼吸不但能安定情緒，也讓我們不會因為情緒影響而造成飲食失調，不是大吃大喝、就是厭食不吃！這對身體來説是非常不健康的行為。

　　而只要我們身體健康、新陳代謝狀況良好，自然不容易變胖；也不會因為內分泌系統失調而暴飲暴食、或是造成不正常肥胖，例如有很多忙碌的上班族，明明每天都很勞累、也很少吃甚麼東西，你卻會發覺他怎麼越來越胖？！這通常都是因為新陳代謝和內分泌系統出了問題所致。

　　對於那些本身過於神經質、過度緊張、肌肉特別僵硬，而擔心自己瘦不下來的人，則可以著重在瑜珈的『放鬆技巧練習』上面。藉由深沈呼吸帶動全身肌肉的放鬆。

YOGA 的神奇曲線雕塑效果

　　很多人對於瑜珈瘦身的原理感到好奇。事實上，瑜珈有很多原理都在延展、延伸，所以可以經由瑜珈改變並雕塑肌肉的線條，不光只是燃燒脂肪而已，也不是像健美選手那樣只加強肌力，而是著重於改變肌肉的形狀，讓整個人的線條看起來比較修長。

　　有人說瑜珈的動作看起來好像很緩慢、很平靜，感覺不像一般的運動那麼激烈，所以真的能達到減肥瘦身的效果嗎？會不會減得很慢呢？

　　你可千萬別小看了瑜珈！

　　它的動作雖然緩慢，但是消耗起熱量可是相當驚人的！

每個人做完瑜珈之後都會驚訝於自己怎麼不知不覺已經汗流浹背、衣服都濕了一大片！

這種感覺很奇妙，一方面感覺身體似乎沒有做什麼運動，另一方面又覺得身體很疲累、很放鬆，全身筋骨都活動到了！像是古代練武的人突然被打通了任督二脈一樣，感到通體舒暢！

瑜珈瘦身的效果也會因人而異，如果很勤於練習，有些人大約一星期左右就可以感受到身體上明顯的變化，尤其是新陳代謝率低的人，在練習瑜珈之後效果最為顯著！

一般來說，初期不會在體重上看出明顯的變化，但會發現身型和水腫有很大的改善！新陳代謝不好的人，開始練習瑜珈之後，水份很容易迅速被排出體外，而身材線條則會變得比較漂亮！

如果你往後一直持續不斷的練習瑜珈（想要達到瘦身效果的人，每天至少要做瑜珈15分鐘），保持基礎代謝，才會漸漸影響到深層脂肪，然後你會在體重上看到瑜珈所帶來的瘦身效果！而對於長時間不運動、只是偶爾做個一、二天瑜珈的人，身體的代謝率不會有明顯的提高，因此瘦身效果有限。

不管是飲食或是瑜珈動作的練習，都要保持定時定量的習慣，每天給自己15分鐘複習瑜珈老師所教過的動作，但是千萬不要把它變成是一件苦差事喔！你可以為自己放一些喜愛的音樂、點上精油、再鋪上瑜珈墊，好好的享受這15分鐘。通常兩個禮拜過後，你就會發現自己的身材已經開始改變囉！

瑜珈讓你瘦的關鍵：圓肌肉變成長肌肉
From Round Muscle to Long Muscle

瑜珈帶來最主要的改變是：肌肉的形狀！

你一定聽過圓肌肉和長肌肉會左右我們會成為圓胖型、或是瘦長型的人、以及曲線好不好看！

圓肌肉，顧名思義在我們身材線條上顯現出來的就會是圓圓胖胖的外型，而長肌肉則會使身材看起來較瘦長和拉長。圓肌肉的爆發力強，短跑、舉重選手都是屬於圓肌肉的人。而長肌肉的延展性佳、肌耐力好，長跑選手、芭蕾舞者就是屬於長肌肉的人。

而瑜珈的招式都是非常著重於肌肉線條的延展上、強調肌力的訓練及肌肉線條的塑造，因此練習瑜珈會讓你的身體由圓肌肉變成長肌肉，達到雕塑身體線條、塑造動人曲線的目標！

我們平時不一樣的用力方式，就會造就出不一樣的肌肉類型和身體曲線。

瑜珈可以瘦身、雕塑線條的原理，是因為瑜珈的動作是一種緩慢而長時間的停留、是一種伸展性的動作，在消耗脂肪之外，也讓肌肉充分的延伸和伸展，不是屬於爆發型的運動。

這些動作就跟芭蕾舞者一樣，著重在訓練肌肉的延展度，常需要把腿向外張開、延展，運動到內側肌肉，讓力量無限延伸、所以能把肌肉往長形發展是一樣的道理。而舉重選手用力的方向則是往內收，為了練就出瞬間爆發力，會讓肌肉往圓的形狀發展！

在練瑜珈時，每一個動作都要注意延展的方向，不要把力量向內，而是要把力量向外延伸。如果力量沒有延伸出去，會造成肌肉緊繃，無法拉長肌肉的線條。我們在延展肌肉的同時配合呼吸，雕塑肌肉曲線，讓深層的脂肪可以代謝得比較快。這是由圓肌肉變為長肌肉很重要的關鍵喔！

健康的**減肥瘦身**才會美

正確的減肥速度是一星期減0.5~1公斤，如果減太快身體會出現問題，可能你減到的不是身體的脂肪而是水份！

因為水份快速減少、流失，所以使得體重快速下降，最快減掉的是水份，再來是肌肉、最後才是脂肪。所以如果你減得太快，除了水分，肌肉也很容易減掉了，身體裡剩下的都是脂肪，這些短暫失去的脂肪很快就回來了，這是很可怕的！

所以很多人快速減肥之後沒多久又復胖，體脂肪反而會比原來的更高、人更胖了！因為脂肪比越來越高、肌肉比越來越少。如果你不斷的用這種方式減重，會發現減肥越來越難，所以用對方式減肥真的很重要！

而運動，也是減肥過程中很重要的一個助力。運動可以增加肌肉在身上的比例，也可以幫助身體比較不容易復胖。

快速減肥的身體，代謝率比較容易下降，例

　　如一星期減了3~4公斤，可能是因為你刻意節食一天只吃500卡的熱量，所以能快速減重。而你的身體也就慢慢習慣了一天只需要500卡的熱量，於是，不管身體在睡覺、走路、呼吸，做任何日常活動時，（你已經讓身體適應了一天只能代謝500卡的熱量），身體就會慢慢固定每天只代謝500卡的熱量，以此類推，身體的新陳代謝率就會慢慢的降低！

　　之後如果你吃超過500卡熱量的東西，身體就無法把全部的東西代謝掉，你就必須更努力減重，因為你的身體已經習慣很少的代謝量了，這樣就會造成越減越肥的後遺症！

　　此外，健康的飲食也是可以讓身體維持正常代謝、讓你成功減肥的關鍵之一。吃什麼東西對減肥的人來說真的很重要。

　　如果你的快速減重出現女性荷爾蒙失調的問題，會導致生理期不規則，容易有掉髮、抵抗力減弱的情況產生，身體和臉的皮膚也會越來越差，這些都是因為荷爾蒙失調的關係，身體的健康就會受到很大的影響，甚至肌肉的蛋白質會被分解、變差，慢慢的淋巴系統也會出現問題，抵抗力會變得非常脆弱，很容易被傳染流行性疾病。

　　因此，三餐飲食正常、晚上六點過後不吃澱粉類、多攝取蔬果類食物，蛋白質、醣類、脂肪、維生素、礦物質等營養素要均衡，絕不能偏食，這樣你身體裡的代謝和內分泌系統才會正常運作、幫你早日減肥成功！

Chapter 2.

呼吸就能瘦
How to
Breathe with
Your Belly

呼吸，為什麼能瘦？這是真的嗎？

而又是什麼樣的呼吸能帶來瘦身的效果呢？

是的，你沒有看錯！只要掌握好正確的呼吸方法和要訣、並且在生活中隨時練習，要不瘦也難。

可以瘦身的呼吸有2種：腹式呼吸法、肋骨呼吸法。

這2種呼吸法都是在瑜珈練習中很重要的一個基礎，而呼吸能達到瘦身效果的原理則有2個：

1. 它可以幫助我們控制食慾。

當我們在節食減肥的時候，常常會覺得有空腹感、會很想吃東西！

這時候我們就可以用一個很簡單的呼吸法來幫助控制食慾。

首先，你不管是坐著或站著都可以，然後閉上眼睛，慢慢的用嘴巴吸氣，感覺自己好像正在吃很豐盛的食物，或是正在喝一碗味道很香很濃的湯，而那些美味的食物正在進入你的腹部！這時候，腹部因為正在使用腹式呼吸法的關係而慢慢膨脹起來。

而當你吸滿氣之後，暫時先把氣憋住，同時想像食物的營養已經慢慢傳遞到全身了。

接下來吐氣的時候，由鼻子慢慢的把氣吐出來。如此持續幾次吸氣和吐氣的動作，將你的意志力一直專注在呼吸上面，身體自然也就不會想要吃東西了。

2. 當我們養成深沉呼吸的習慣時，我們的內臟也能夠同時受到刺激，這樣身體的新陳代謝就會比較好。

　　做深沉呼吸的時候，我們的橫隔膜會上下動作，內臟器官會因此受到刺激，新陳代謝也會隨之慢慢加快、血液的流動也會增快。

　　因此，我們的血液含氧量一旦足夠，再加上新陳代謝變快，脂肪等身上廢棄物質就可以順利排出體外。所以，呼吸瘦身法很重要的關鍵因素就在於新陳代謝的提高和加速。

　　呼吸，最主要會影響到的身體部位就是：腹部！

　　腹部又被稱為我們的第二腦，是全身神經傳導物質的數量僅次於大腦的地方，因此被稱為第二腦！

　　當我們的情緒變化及壓力過大時，都很容易反應在腹部上。要判斷一個人是否健康，可以從他的腹部看出一些端倪。如果整個人的代謝、內分泌和情緒都很正常，腹部就會比較平坦，反之，就容易出現小腹、下腹部凸出、胃凸等問題。

　　所以，如何妥善照顧「腹部腦」是很重要的！如果沒有好好保養「腹部腦」，它可能會變成我們身體的一大負擔喔。

想要腹部平坦，首先要保持情緒穩定，因為壞情緒的累積會直接影響到內分泌系統，進而影響到子宮、卵巢及生理期！也會產生脹氣和便秘的現象。

以我自身為例，因為我的身體很敏感，如果我有某段時間生活比較緊張、壓力比較大，我的腹部就很容易脹氣，也很容易便秘，造成排便不順。

內分泌失調→情緒不佳→腸胃不適→便秘→毒素累積→小腹微凸→脂肪不易代謝！所有問題之間都是環環相扣、息息相關的，會造成連帶影響！如果再加上不愛運動，就很難擁有健康的身體了，當然也就更難瘦下來！

一起來學瘦身深呼吸！ Let's To
Practice Deep Breathing!

『肋骨呼吸法』！

在呼吸就能瘦這個單元裡，LULU老師首先要教你們『肋骨呼吸法』！

它主要是在瘦背部。

有一些女性朋友穿內衣時，背部會出現被擠壓出來的贅肉，看起來有點可怕。但是只要你多多使用肋骨呼吸法，就會發現它真的是一個非常有效去除贅肉的好方法！

肋骨呼吸為什麼可以瘦背部？因為當我們在做肋骨呼吸的時候，我們的橫隔膜會隨著上下擺動，我們的肋骨會左右平行打開，而我們的肋骨在做收縮的時候，此時背部的肌肉也在擴張、收縮，所以若能學會肋骨呼吸法，就可以有效的瘦到我們背部的肌肉，讓背部肌肉緊實。

通常我們的背部肌肉只有在運動時才會動到它，如果在日常生活中，例如：開車、等公車、看電視時也可以多練習運用肋骨呼吸的話，就可以不費力的在日常生活中運動到背部的肌肉群。

而肋骨呼吸除了可以幫助背部收縮、緊實，瘦我們的背部之外，還可以幫助減少便秘問題。

我們都知道，如果囤積的宿便毒素殘留在身體裡，脂肪和代謝就無法正常，因此，有便秘的人肥胖比例較高。而只要解決了便秘之後，全身的新陳代謝就會正常，也不容易有小腹！

做肋骨呼吸時，可以把手輕輕放在肋骨上方，然後用鼻子吸氣、吐氣，再吸氣時肋骨往內收，肋骨內收的同時感覺身體往上延伸，你會發現腹直肌不斷的被延伸、拉長，這個部分很重要，你會感覺到不只背部拉長，腹部的肌肉也被延伸、拉長了，再吐氣放鬆。

肋骨呼吸強力而大幅度的收縮與擴張呼吸器官的同時，可以刺激腸胃的蠕動、減低便秘的發生。而呼吸比較弱的人，就沒有辦法幫助腸胃蠕動，因此有些人在便秘時會憋氣促使排便順暢，但這樣做反而容易造成血壓上升、傷害到肛門，LULU老師建議你不妨採用可以促進自然蠕動的姿勢與呼吸法。

做法是：當你坐在馬桶上的時候，一邊放鬆身體、一邊收縮腹部，然後緩慢的吐氣，在吐氣的同時可以用一隻手壓住腹部，讓氣順暢的吐出來。而如果你是有慣性便秘的情況，則可以訓練自己養成腹式呼吸的習慣，在慢慢的吐與吸之間，腹部會受到壓迫，腸子也會受到刺激，當你在做腹式呼吸的時候，腸胃也是跟著在蠕動的，這是腹式呼吸也可以促進排便順暢的原理。

讓你變瘦的神奇呼吸法：『腹式呼吸法』！

學會腹式呼吸法的3個瘦身好處：

1. 有助於脂肪的燃燒。因為我們人體中的橫隔膜可以調節肺部容量，讓肺容量增加，肺部進出的氣量增多，吸入的氧氣量相對也增多，我們都知道，脂肪燃燒需要耗氧，因此腹式呼吸可以幫助燃燒脂肪。

2. 可以讓你運動到下腹部的肌肉、有助於緊實腹部的肌肉、消除惱人的小腹。

3. 可以放鬆上胸部、肩部、頸部的線條，讓你的上半身線條更加優美！並且可以刺激身體器官、腺體的運作，加速你體內的新陳代謝。

七、八年前LULU老師就開始使用腹式呼吸法呼吸，沒多久，我發現我的肩頸比較不容易酸痛部、小腹也更加結實了！

一般人會有腰酸背痛問題，大部分是因為下腹部的力氣不夠，下盤不夠有力，因此在扛東西或是彎腰舉物時，不能分擔肩、頸、背部肌肉的負重，很容易造成背痛、脖子酸痛、或是腰酸等等的問題。

因為下半身無力的時候，上半身就容易緊張，你很容易將力氣放在上半身使用。這些問題，其實只要適度地鍛鍊小腹肌肉，就可以一併解決。而練習腹式呼吸法，同時也是在練習下腹部的肌肉。

人體是平衡的，常常練習腹式呼吸法，除了不容易有小腹之外，當下盤有充足的力氣時，上半身也會比較有精神！

　　我還記得自己練習腹式呼吸法的第一天，小腹就有點緊繃的感覺了！練了一星期之後，小腹就開始慢慢地平坦下去了！真的很有效！而且，下腹部的肥大，通常是跟肌肉鬆弛、腸胃蠕動不好、脹氣、便秘有關，所以一旦開始練習腹式呼吸，這些擾人的問題就會一起慢慢消失於無形了！

　　LULU老師提醒你一定要記得喔！剛開始練習時，一定要比較專注地去呼吸！

　　慢慢的，腹式呼吸法就會成為你生活中的一種習慣。平常時，腹式呼吸法的使用習慣跟一般的呼吸習慣，大約會成為百分之五十、五十的比例，等一段時間後，不自覺的，你就會習慣腹式呼吸融入你的生活中了！會變成一種長期而不費力的運動，對你有非常正面的幫助！

腹式呼吸的練習法

❶ 首先，想像你的丹田
　裡（肚臍下三根手指
　的位置），有一個假
　想中的小氣囊。

❷ 接著，用鼻子吸氣，想像你把吸進去的空氣一路從胸
　部、腹部送下來，一直送到小氣囊裡。

　此時，妳的小腹會微微突出。然後，再深深的吐氣，把
小氣囊裡的空氣，全部由鼻子呼出。

　開始練習的時候，LULU老師建議你可以坐著，然後背
部拉長，雙手輕放在下腹部，閉上眼睛，全身肌肉放鬆
（不必刻意用力），用鼻子吸氣，感覺氣體經由鼻子、
喉嚨、胸腔慢慢填滿腹部，直到腹部完全隆起，再用
鼻子緩緩吐氣，將腹部的氣體吐完為止，腹部自然
下凹，不斷重覆以上動作。

　此後練習，你可以躺著也可以坐著，慢慢的把腹
式呼吸法變成你的呼吸習慣。

　躺著時，你可以在小腹上放一本書、或是電話
簿來感覺腹部的起伏。最好能夠練到每一天、每
一刻都是用腹式呼吸法呼吸。

　剛開始，每天練50次的吸、吐。你可以在睡前
做、也可以在任何時候做。腹式呼吸也可以幫助睡
眠，可以一直做到入睡為止。對於不好入眠、或是睡
眠品質不佳的人很有功效喔！試試看！你一定不會
失望的。

Chapter 3.

魔鬼曲線基礎班：

線條比體重
更重要！
Better Sex For
Every Reader
& Girls

姿勢，決定妳的身材曲線美醜

　　我常常被人家問到：『LULU老師，為什麼妳總是可以維持優雅好看的體態？』好奇我的S曲線是不是天生的？

　　當然不是！這是我在日常生活中讓自己"絕不使用錯誤姿勢"的累積和養成！

　　錯誤的姿勢，會對我們的肌肉和身形造成非常大的影響以及後遺症，像：小腹凸出、駝背、骨盆歪斜、胃凸、扁臀…等。不僅會嚴重破壞身材、同時也對我們的健康造成威脅！

　　有些人站著的時候會習慣性駝背、雙肩下垂、背部肥厚、小腹前凸…

　　有些人則剛好相反，站立時喜歡把重心放在前腳尖、或是腳掌前端，這樣臀部就會往後翹起，以為這種姿勢很性感、能塑造出S曲線，卻不知道這樣不僅會壓迫到我們的脊椎，久而久之也會造成背痛、腰痛、胃凸等毛病，傷害我們的健康。

　　我看過很多女孩長得很漂亮，可惜身形欠佳，總覺得她們看起來身體肌肉比例不勻稱，她們根本不胖、體重也都在標準的範圍內，但是整個人看起來就是鬆垮垮的、線條走樣！這樣一個美美的女孩子不管她是否苗條，光在外觀身形上就被扣很多分了！

　　減肥固然重要，但是如果你只注意體重數字又掉了多少，完全沒有為瘦下來的身體雕塑曲線、導致身形不佳，那無論你再怎麼瘦，身材都不會好看！

　　體態、身材線條要好看，秘訣就在於我們日常生活中的習慣性姿勢！

瑜珈瘦身一個很大的功效，就是可以拯救我們的身體線條！因為我們的工作和日常活動都很容易會讓我們姿勢不良，以肩膀為例，因為使用方式差異，肩部線條會較短；而以臀部為例，則容易造成臀部扁平或贅肉下垂，這些都是因為姿勢不良而影響到我們的身材線條，嚴重者甚至會導致循環系統不佳！

很多女生不知道的瘦身瑜珈
Almost Girls Don't Know About Slim Yoga

瑜珈，是如何幫助我們雕塑身材、減肥瘦身的？

前面老師有大概提到：瑜珈的延展動作能改變你的肌肉形狀，達到瘦身和雕塑的效果！

我在初期接觸瑜珈練習時，其實體重並沒有什麼很明顯的變化，可是看到我的朋友卻都異口同聲地說：『LULU，妳變瘦了！』這到底是什麼緣故呢？道理很簡單，那是因為我的肌肉線條改變了！

一般的胖妹妹，身體的肌肉線條是圓圓的，尤其是手臂、腿部、腰部，看起來都是圓滾滾的一團！因此，我將它稱之為『圓肌肉』。而瘦子，肌肉線條看起來就是長型的、看起來比較纖細，我稱之為『長肌肉』。要把圓肌肉變成長肌肉，重點就在於『姿勢』的改變。

不要小看日常生活中一舉一動的姿勢，這正是影響你體態的重要關鍵！更是幫助你在無形中減肥、雕塑出美麗身材的一大要點！後面，LULU老師會告訴你什麼是盡量不要使用到的錯誤姿勢、以及平日就應該時時保持和養成的『好姿勢』又是什麼？讓你可以把圓肌肉變成長肌肉！

快縮肌VS.慢縮肌

瑜珈瘦身，是LULU老師多年來嘗試過各種瘦身法之後，覺得是最自然、最有效、同時也是瘦下來之後，身材線條最自然最漂亮的一種瘦身法！即使在我生產前後，也能幫助我克服身材變形、臃腫、體質改變…的種種問題！

我們的肌肉可分成2種：一種肌肉是快縮肌，一種是慢縮肌。骨骼肌是我們身體的肌肉，就是長在骨骼上面的肌肉，是由快縮肌和慢縮肌這兩種肌肉混合組成的，快縮肌又稱為白肌，慢縮肌又稱為紅肌。

這兩者比較不一樣的地方是：快縮肌的肌肉纖維比較粗而短，它可以很快速的收縮、可以瞬間有很大的力量爆發出去、持續力比較短，但瞬間爆發力強，可以做短距離的運動。

臀大肌也是快縮肌，我們要提臀的時候，就要讓臀大肌收縮，因為臀大肌是最好運動到的部位，當臀大肌收縮得比較好的時候，肌肉就會比較有力氣、不容易下垂，臀部就會比較有彈性。

瑜珈的動作，基本上就是在延展整個身體的快縮肌和慢縮肌，尤其是快縮肌比較發達的人，更要去延展它！因為當你延展它的時候，肌肉的走向就會不一樣，當你肌肉走向不一樣的時候，你的身體線條也就會變得不一樣！這就是瑜珈瘦身的原理——快縮肌與慢縮肌、長肌肉與圓肌肉。

🌸 最好的減肥，是雕出 S 曲線不是排骨妹！

姿勢很重要，主要會影響到我們曲線美醜的姿勢是：站、坐、行走。

一般來說，站、坐、行走時，又有幾個很重要的姿勢是我們一定要特別注意的。

我們平日最常見會使用到的錯誤姿勢有以下這8種：

① 內八和外八。

內八和外八會直接影響到我們的臀部、牽扯到骨盆腔的肌肉及骨骼，骨盆會因此而變形，沒辦法擁有漂亮的骨盆、臀部就不會翹挺迷人。

② 翹二郎腿。

這個姿勢很容易造成骨盆歪斜。

③ 三七步。

模特兒般的三七步，看起來很好看，但實際上卻是重心很不平均的一種站姿！

它很容易讓你在站立時將重心放在其中的一隻腳上，造成你承受重心較多的那一隻腳的肌肉比較肥大，也很容易因此而讓你的單邊臀部比較肥大。

④ 翹屁股。

有些女生在站立時，習慣把重心放在前腳尖，或是腳掌前端。這時候，臀部會往後翹起，然後胃部卻往前凸出。這種站姿很容易壓迫到脊椎，久而久之，就會造成背痛、腰痛，也會影響身體曲線。

⑤ 駝背。

駝背的女生，長期雙肩下垂，脊椎也同樣處於被壓迫的位置，腹部的肌肉就會變短，長時間下來，胸部往內縮、肚子也會跑出來。

⑥ **重心放在腳跟。**

這種站姿最容易造成屁股往前移、臀部肉下垂、大腿粗壯！

⑦ **錯誤的穿高跟鞋方式。**

首先，在穿高跟鞋的時候，切記重心絕對不可以放在腳尖或腳趾頭上！也不可以因為重心不穩怕跌倒，而把力量都放在腳跟上。

當然，穿高跟鞋內八字走路也是一定要避免，因為以上這幾種錯誤的姿勢，都很容易造成蘿蔔腿、大腿變粗、臀部變大。

所以，LULU老師還是想叮嚀愛美的女生們，能不穿高跟鞋就盡量不要穿高跟鞋。如果因為工作需要而得穿高跟鞋的話，回家可以做一些放鬆腿部肌肉的動作。

此外，由於穿高跟鞋通常是女性腿部水腫的元兇之一！

因為我們在穿高跟鞋的時候，常常會因為腿部肌肉過於緊繃，導致血液循環不良，因此造成腿部的水腫，甚至是變

成全身性的水腫！所以LULU老師在這裡也要提醒女生朋友們，盡量在一星期中空出兩天不要穿高跟鞋，讓我們的腿部和腳掌能夠好好放鬆休息一下。

⑧ **皮包習慣揹在某一側。**

我們女生在揹包包時不自覺都會固定揹某一側，以致於長期造成肩膀使力過度或不均、肌肉緊繃下垂，而使我們肩頸線條被破壞、甚至造成歪斜，嚴重影響美感。

🌸 那麼，『正確的好姿勢』是什麼？

① 正確的站姿。

　　輕鬆地抬頭挺胸，腰部挺直，重心均勻放在兩隻腳的中間，不偏左，也不偏右。雙腳稍微打開，寬度與兩肩平齊，臀部不前移，胃部不外凸。這種站姿才能讓身體處於平衡的狀況，避免肌肉變形。

　　如果可以，再配合腹式呼吸法──你相信嗎？這樣就算是站立著不動，也能幫助減肥喔！

② 正確穿高跟鞋的方式。

　　穿著高跟鞋時，走路的重心要均勻的放兩腳之間，而身體的重心則要放在腳掌中心。記住，是腳掌中心！重心絕對不可以放在腳尖或腳趾頭上。

　　另外，一定要選擇合腳的高跟鞋。腳趾無法平穩放在鞋內的高跟鞋、以及會讓妳的腳掌弓起、蜷縮的高跟鞋絕對不要穿！因為這會害你的腿部肌肉更加緊繃。

　　好的高跟鞋應該是：腳弓要跟鞋底貼合、楦頭大小與腳寬恰好合適、站立時鞋身不能晃動。太軟的、帶子太細的涼鞋，讓你站起來會搖晃的、太窄或是太寬的高跟鞋，都不應該選購。

③ 正確的坐姿。

　　究竟甚麼樣的姿勢，才是正確的坐姿？

　　首先，每個上班族最好每隔1小時就要站起來動一動。

　　無論是走去倒杯水、上個廁所，或是伸個懶腰，都比一直坐著不動要來得好！要知道，我們的肌肉一直處於同樣一個動作的緊繃狀態下，是很容易痠痛疲勞的，所以一定要站起來鬆弛一下，千萬不可以8個小時都坐在辦公椅上！長期下來不但會腰酸背痛，下半身循環也會變差、代謝不良！當然，坐著的時候你也可以配合練習腹式呼吸法，讓我們在不知不覺中強化腹部的肌肉。肌肉收緊了，自然小腹及水桶腰也就不見了！

電腦族也要注意喔！打電腦時，一定要將背部伸直、手肘自然下垂、肩頸放鬆！才不會容易因肌肉緊繃而痠痛。還有，切忌駝背！也千萬不要彎腰、前傾，把腦袋湊在電腦前面猛練功！

久而久之，這樣的姿勢不但會造成脊椎變形，還會腹部外凸！另外，要長時間打電腦，最好在腳下墊一個小凳子或者是幾本書，這樣能減少腰部的負擔及腰痛的機率。

在這裡，我要跟大家分享一個跟肌肉有關的小秘密！大多數的人都以為，要變瘦就必須拼命運動！其實，如果沒有適當地放鬆並延展肌肉，不當的運動反而會讓你的肌肉變成「小圓麵包」喔！這也就是我說的「圓肌肉」！圓肌肉會讓你看起來更胖。

所以，如果要讓自己的身體線條看起來瘦長，很重要的一件事，就是必須從腹部的力氣延展四肢的肌肉！所以，在打電腦時手肘關節必需放鬆，只有如此才能延展肩頸肌肉，讓線條拉長。

讓妳線條變美的幾個練習
Feel Good, Look Good, Do Good

姿勢錯誤的後遺症01：小腹、扁臀、水桶腰

姿勢不佳容易造成難看的身形，最常見的就是：小腹凸出！

我們要怎麼站和坐，才能避免讓小腹凸出、下垂，衣服怎麼穿都遮不住？

首先，如果妳是喜歡穿高跟鞋的一般上班族女性，那妳一定要注意避免把屁股收進去、小腹凸出來！這樣很容易會導致骨盆後傾、因而造成扁塌的屁股和微凸的小腹。

當妳站著的時候，很容易不自覺的把屁股收進去的同時，小腹已不自覺的凸出來了！這個時候妳腹部的肌肉整個會放鬆、擴張出來，由於妳不習慣用到腹部的肌肉，於是腹斜肌和腹直肌也會跟著鬆掉。而更慘的是，一旦腹斜肌鬆掉之後，妳會發現自己連水桶腰都出來了！

所以，腹肌的訓練就是由平常站得挺開始！

此時你的身體應該要有自然曲線（nature curve），當我們站立時，基本上脊椎是很自然、漂亮的S型。

而你該如何站出S型？首先，必須要感覺腹部有微微上提，不要刻意收縮臀部，只要讓尾椎骨（脊椎靠近臀部最尾端的那個點）自然朝下、背部往上提，感覺頭頂有一股往上延伸的力量，肩膀和雙手都要放鬆。自然的站姿如果可以站得正確，你的腹部就會越來越平坦好看；否則，你的腹部就會越來越大、最後變成中廣身材、水桶腰！

再來，如果妳習慣穿高跟鞋，又該注意什麼站姿才不會造成蘿蔔腿、大腿粗壯、脊椎受傷呢？人站在平地的時候，腳跟是平的，身體重心和脊椎曲線都是比較正常的，而一旦穿了高跟鞋之後，如果你沒有試著去改變身體的重心（往斜前方），走路的姿勢不正確的話，確實會造成腿部的粗壯，更嚴重會造成脊椎受傷，常穿高跟鞋也容易造成大拇指內翻的現象。所以穿著高跟鞋一定要有正確的動作。

第❶個動作：站的時候，重心要有點往前傾斜。因為妳的後腳跟被墊高了，所以如果妳的重心不往前，就會壓迫到脊椎。

穿的時候，收小腹、收屁股、背部拉長，以這種姿勢穿高跟鞋的話，身體的線條就可以更加拉長，就好像芭蕾舞者穿芭蕾舞鞋，當她在墊腳尖的同時，她的身體就會用到更多的力氣去延伸、拉長是一樣的道理。所以如果高跟鞋穿得好，其實會有延伸妳身體線條的功能、可以讓妳身材曲線更加修長。

第❷個動作：晚上脫掉高跟鞋的時候，建議妳可以做一個放鬆的動作。躺在地板或床上，把雙腳翹高跟身體呈大約90°，雙手放在臀部旁邊，雙腳併攏、膝蓋打直，慢慢用腳後跟的力量往回勾停留10個拍子，然後再放鬆，腳後跟再往回勾，停留10個拍子再放鬆。如此反覆練習。

第❸個動作：在臀部下面放置一個枕頭，枕頭不用太高，只要感覺整個下背平坦就可以，雙腳自然盤腿，把臀部放在枕頭上，一樣把雙手放在身體旁邊，這個時候也可以配合腹式呼吸，閉上眼睛，慢慢的用鼻子吸氣，氣穿丹田，然後吐氣放鬆。

上面這3個動作，主要是當妳穿高跟鞋回到家之後，可以幫助腿部放鬆舒緩、拉長小腿線條的。做動作之前，妳可以先洗個熱水澡，或者是泡下半身浴來放鬆腿部的肌肉。泡半身浴的話，老師比較建議是水溫差不多在40°左右、水不要超過心臟的位置，只要心臟以下泡在水裡即可。半身浴的優點是可以代謝整個腿部的血液循環，讓腿部的肌肉放鬆，這樣再來做放鬆的動作就會事半功倍。

姿勢錯誤的後遺症02：骨盆歪斜、扁臀、垂臀、大腿粗

怎麼站才能站出漂亮的臀型？

我們常說骨盆在身體裡是支撐內臟的重要支架，因此如果你的姿勢不良或是不常運動，容易造成骨盆歪斜而使得內臟不能維持在正常的位置，導致新陳代謝降低、脂肪堆積、血液循環不良而無法變瘦。

站的時候我們要注意不要凸肚、壓迫脊椎、骨盤前傾，這樣雖然感覺臀部會變翹，但事實上你是直接壓迫到腰椎。另一種狀況是臀部往內收、往內夾變成扁屁股、骨盤往後傾，會讓臀部下垂、變扁、大腿變粗、彎腰駝背，這兩種姿勢都不建議。

🌸 姿勢錯誤的後遺症03：駝背、三層肉

再來講到怎麼坐？一般上班族最容易犯的錯，就是當我們坐著使用電腦時，會有駝背的習慣。

駝背的時候，我們全身的力氣都集中在下盤，你會發覺腹部整個不自覺的往下放鬆，這時候肚子的三層肉就出現了！還不只是小腹而已喔！這樣坐久了之後，腹直肌和腹斜肌會變得沒有力氣，因為你都坐著，沒有去運動到它，所以三層肉的狀況就會越來越嚴重。

那到底是怎樣的坐姿可以讓三層肉不上身呢？美麗是要付出代價的！這個部分可能會辛苦一點，LULU老師建議你，可以在辦公椅上外加幾個墊子，讓你的背部自然提起來，但是記得不要把肋骨凸出來，這樣會折到脊椎！你只要自然的收肋骨，後面墊幾個墊子或靠枕讓背部有支撐、身體往

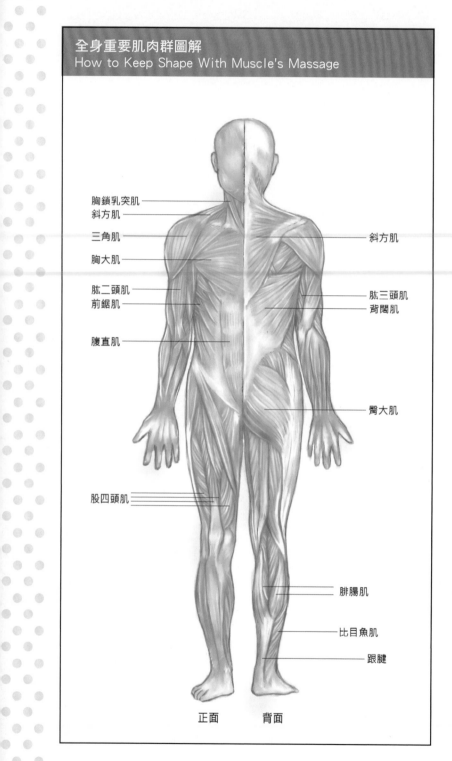

全身重要肌肉群圖解
How to Keep Shape With Muscle's Massage

胸鎖乳突肌
斜方肌
三角肌
胸大肌
肱二頭肌
前鋸肌
腹直肌
股四頭肌

斜方肌
肱三頭肌
背闊肌
臀大肌
腓腸肌
比目魚肌
跟腱

正面　　　背面

上提，而大腿與身體脊椎應該是呈現90°，這才是最省力、最舒服、肌肉用力最完整的弧度！

你甚至可以一邊做腹式呼吸、一邊辦公，長期下來你會很驚訝的發現，因為背部有靠墊，可以不用很吃力的延展上半身，但是伸直的時候，腹部的深層肌肉還是有在作用，這些肌肉也就自然而然的被拉長，你的腹部就不會凸出或堆出三層肉了！

我們在日常站與坐的姿勢中，非常忌諱剛剛講到的錯誤的姿勢！想要有美麗的腹肌、平坦的小腹，這是非常重要的。

通常有小腹的人內分泌都比較不好，在老師的上一本著作《LULU胖公主變身記》一書中，有提到有效改善內分泌系統的動作及偏方，是每個想瘦身減肥的美眉們一定要了解的，讀者可以再去複習一次。

左圖是我們人體全身比較重要的肌肉群分佈圖解。你們可以對照LULU老師前面提到的肌肉運動，注意一下自己有沒有用對肌肉？

Chapter 4.

變瘦變美的
必吃&必戒
日常飲食
You Are What
You Eat & Daily
Diet Check List

減肥瘦身,除了多做瑜珈和多運動之外,平常吃甚麼、以及怎麼吃更重要!

有許多飲食建議,在老師的上一本書《LULU胖公主變身記》裡面已經有提到了,但還是有很多想減肥瘦身的美眉們會來問我類似的問題,可見對減肥瘦身者來說,怎麼吃?以及吃什麼?才可以既吃飽又不怕胖,一直都是很痛苦和麻煩的課題!

LULU老師根據自己和肥胖奮戰6、7年的慘痛經驗,在這裡教妳最實用的飲食秘技。讓妳不再因為吃錯而老是瘦不下來、或是不敢吃而變得氣色難看、降低了身體的代謝力!

變瘦變美必吃!
Must To Eat For Beauty & Shape

❶ 三種好油

有些人在減重的時候,全部都吃清燙的食物,完全不添加油脂,事實上這樣是不對的!

我們的身體需要適當的補充脂肪,才能夠順利吸收維生素A等脂溶性維生素,皮膚才會潤澤不乾燥、營養也才會均衡,也才能有足夠的抵抗力,不容易生病。

因此,減肥中的人不是不能吃油脂類的食物,而是要會挑選對人體比較好的油脂,像是:橄欖油、大豆油、琉璃苣油等等。

尤其LULU老師特別推薦冷壓初榨的「處女橄欖油」(Extra Vergin),它質純香醇,拌沙拉吃味道也很不錯喔!不過有些油不能拿來烹調,買的時候千萬要注意!

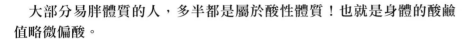

② 醋、檸檬

醋和檸檬，真的是LULU老師很推薦的東西。它們除了可以提高新陳代謝以外，對改變你的酸性體質也非常有用。

大部分易胖體質的人，多半都是屬於酸性體質！也就是身體的酸鹼值略微偏酸。

酸性體質的人，有一些簡易的特徵可以辨別，比方說：嘴巴容易有口臭、排泄物也比較臭；或是每到下午時分就特別容易疲倦；還有比較愛吃甜食、或是口味偏重。

酸性體質的人，血液也偏酸性，血管中比較容易堆積廢物。就好像是一棟大樓裡，如果水管中流動的的水比較清澈，水管就比較不容易堵塞；反之，如果水比較汙濁，就很容易堵塞！相同的原理，血液偏酸性的人，新陳代謝就比較差，體內也比較容易堆積毒素、不易排除，所以很容易肥胖！

那麼，如果你真的因為飲食習慣而造成體質呈現酸性時該怎麼辦呢？答案很簡單，就是：多吃鹼性食物！可以平衡身體的酸性。鹼性食物攝取多了之後，原本的酸性易胖體質，就會慢慢轉為不易胖的鹼性或中性體質。

而醋和檸檬，就是很好的鹼性食物！酸酸的蘋果醋、檸檬醋、檸檬水，都是不錯的選擇，平常可以多食用。但是，切記！不可以加糖喔！

另外，喝鹼性含鈣的礦泉水（含礦物質的），也是平衡身體酸度的方法，可以去市面上買富含鈣、鎂、鉀等成分的礦泉水。雖然因為這些礦物成分的關係，喝起來味道略鹹、有點澀，有些人不是很喜歡它的口味，但LULU老師平常都把它當成日常的飲用水來喝喔！

③ 喝水

多喝水，不是一句廣告詞！

LULU老師有一陣子嘗試用「代餐包」來減肥，因為吃代餐要喝大量的水，因此竟然無意間發現：喝水不但可以排毒淨化、還能促進新陳代謝，對於瘦身真的很重要！

LULU老師建議，一天至少要喝1500c.c.的水，不夠的話，身體的毒素無法排除，就會容易變胖。

喝水的好處有多少？

a. 排便順暢。

b. 美化肌膚，促進新陳代謝。

c. 沖淡胃酸，有效抑制食慾。

d. 促進排汗、排尿、排毒。

e. 幫助排除黑色素。

除了食物中攝取的湯湯水水之外，早上起床、在吃早餐前，就可以先喝500c.c.的溫開水。上班之後，不要忘記在上午、下午各補充250c.c.的水，回家之後，也要記得喝上一杯250c.c.的溫開水。 晚上睡覺前的半小時，再喝一杯250c.c.的溫水，促進身體的新陳代謝！所以加起來總共是1500c.c.的水。

④ 多吃新鮮蔬果

LULU老師還是要再一次強調，新鮮蔬果對減肥瘦身中的我們真的很重要，它們能夠提供清潔腸道所需要的膳食纖維，在進行體重控制時能夠很有效的發揮減重功能！也可以帶給我們身體正面的能量，內含有豐富的酵素可以被身體吸收。不過要注意，烹調時間盡量不要太長，不然很容易破壞蔬果中的酵素成分、流失營養！尤其是維生素C更是容易因為烹煮或是加熱而流失，因此烹調蔬果時不要過久。

✿ LULU老師自己平常最喜歡吃的蔬果：

　a. 花椰菜：花椰菜的熱量低、纖維多，又富含維生素 A、E、C，以及蘿蔔硫素、異硫氰酸鹽等多種擁有強力抗氧化效果的植物性化合物。所以它不但可以防癌、又可以讓人有飽足感、清除宿便，可以達到纖體瘦身的效果！唯一要注意的就是，花椰菜容易在"花朵"的部分殘留農藥或菜蟲，因此一定要洗乾淨喔！

　b. 芹菜：纖維素高，口感好。不過胃不好的人不要多吃，比較不好消化。

　c. 地瓜、地瓜葉：地瓜因為澱粉含量高，最好在早上或中午吃。它的纖維質含量很高，不需要農藥就可以成長，是很安全的食物。地瓜葉的營養豐富，價格便宜，也是很好的蔬菜喔！

　e. 高麗菜：溫性的高麗菜對胃很好，不燥、不寒，不論切絲沾醬生吃、或是川燙來吃，都很好吃！

⑤ 蛋白質超重要

　　根據研究顯示，人平均每1公斤的體重，就需要1公克的蛋白質，以因應身體24小時的細胞增長和修護所需。而活動量大的人則需要更多的蛋白質。

　　但是，許多人的蛋白質攝取量卻並不足夠。尤其是想要控制體重的人，更是如此。因此，建議正在減重的人一定要攝取每日所需的蛋白質。為了減少身體過多的負擔而造成一些疾病，建議改攝取植物性蛋白質，例如豆類食物，或者新鮮魚類（痛風病患除外）。

　　另外，肉類的部分因人而異，有人會認為減重時最好不要吃紅肉，但是如果體質虛寒，有貧血的現象，適量的攝取紅肉是有必要的，千萬不要為了減重，賠上自己的健康，這是相當划不來的。任何食物都可以吃，但是注意要適時與適量，切忌過與不及。不過LULU老師是習慣吃白肉，少吃紅肉。因為紅肉較多膽固醇，所以容易讓身體變酸。

⑥ 澱粉類食物怎麼吃

如果，妳曾經聽過「高蛋白、低碳水化合物」的減肥法，那麼，妳可能會誤以為減肥的時候絕對不能吃澱粉類食物！

事實上，並不是所有的澱粉類食物都不能吃。雖然過多的碳水化合物如果沒有被身體充分燃燒掉，的確會囤積在身體裡，轉變成脂肪，但是，完全不吃澱粉也是很容易生病，而且會讓自己的情緒不好。

因此，正確的做法應該是：選擇熱量釋放速度比較慢的碳水化合物食物！

這類的食物可以幫助人提升飽足感並且有效滿足飢餓感。也就是說，這類食物的消化和吸收速度比較慢，因此不容易讓你感覺飢餓。例如：黑麥、燕麥、全麥的麵食、玉米、豆類、馬鈴薯、地瓜…等等，都是優質健康的碳水化合物。

LULU老師並且建議你，如果能吃米飯，就盡量吃米飯，不要吃麵。

為什麼呢？因為在中醫的說法裡，米飯可以調節血氣的運行，血氣順，就不容易手腳冰冷、經血不順，對女人的子宮大有好處！而且麵食類的麵包、饅頭等多為發酵、加工過的食品，其實不如糙米飯或白米飯來得天然、質純。

所以，糙米飯比白米飯好、白米飯又比麵條好。當你要用餐的時候，也許不一定餐餐都能吃到老師說的這些最健康的食物，但你至少會知道如何擬定進食的優先順序。

⑦ 一天一杯咖啡或綠茶

水能載舟、亦能覆舟，很多人聽說咖啡因能減肥，一天到晚喝個不停，結果反而讓自律神經失調，無法好好休息，造成失眠與水腫！

LULU也很喜歡喝咖啡，不過，每天中午12點過後，我就絕對不再喝咖啡。咖啡最好在早上喝，除了提神醒腦外，也有減重的效果。最重要的是，早餐喝咖啡，可以在入睡前完全代謝掉咖啡因，不干擾睡眠。

綠茶的好處就更不用說了。它裡面含有兒茶多酚，可以刺激身體製造重要的抗氧化劑和解毒酵素。抗氧化劑有點像身體的保鑣，能夠保護身體免於感染疾病。不但可以幫助我們人體清除自由基、達到抗衰老的功效、更因為含有茶鹼及咖啡因，因此可以減少脂肪細胞堆積，而達到減肥瘦身的目的。

變瘦變美必知！

Must To Know For Beauty & Shape

① 下午6點過後 禁用澱粉類食物

澱粉類食物，是台灣人的主食，完全不吃，不但無法滿足飢餓感，也會令人身體不適、容易生病。LULU曾經試過完全不吃澱粉類食物的減肥法，就發現我的免疫力變得很差，一天到晚感冒，要不然就是容易得腸胃炎，上吐下瀉、鬧胃病。

在國外，也有很多研究告訴我們：不碰澱粉類食物不但不會瘦很多、而且還很容易影響人的情緒健康！因此，澱粉是一定要吃的，不過，記得，只能在下午6點以前吃喔！

為什麼呢？我們都知道，澱粉容易造成下半身的肥胖，因此要盡量在活動量大的白天時吃，不要在晚上吃。LULU老師建議，如果你很愛吃麵包、米飯，那麼，就盡量在早餐、午餐時吃！這樣，你可以用整個白天的時間去消耗澱粉的熱量，不讓澱粉的熱量囤積在體內。另外，LULU老師也推薦你一些優質的澱粉類食物，比如說：糙米飯、紫米飯！

進食就像汽車加油一樣，應盡量選擇營養價值高的，對身體才有正面的功效。如果吃進去的東西雖然口味好，但營養價值不高，那麼對我們的身體就只是負擔，增加脂肪、造成肥胖而已。LULU老師很喜歡吃糙米飯！其實糙米飯很香、很好吃，又含有豐富的維生素B群，是營養價值很高的米食。如果，妳不喜歡直接吃糙米飯的話，也可以加入五穀米、薏仁，或是與白米飯混合煮食。

② 忌吃冰冷的食物。

尤其是夏天，很多人愛喝冰涼的飲料，卻沒注意到，冰的食物或水對我們女生非常不好，因為冰的東西容易造成子宮收縮不良，影響我們的內分泌系統。所以就算天氣再熱，也應該盡量避免食用或飲用冰冷的食物，改喝溫水。

③ 少量多餐。

大腦在我們吃完東西約15分鐘後，才會傳達感覺告訴我們究竟吃了多少食物，如果吃得太快，常常會變得太飽，所以，細嚼慢嚥是很重要的，比較不會因此而吃下過多的食物。身體在消化食物的同時，也正在消耗熱量，如果能讓身體保持在消耗熱量的狀態，也會同時加速新陳代謝，所以最好不要餓太久都不吃東西，然後又一下子吃太多東西，這樣不僅容易肥胖，還會把胃撐大，食量也隨之增大，造成胃的負擔。

④ 吃東西前，先計算熱量。

我們身體的代謝率，是隨著年紀而逐年下降的：

20歲時，身體一天可以代謝掉1280卡熱量。

30歲時，身體一天可以代謝掉1170卡熱量。

40歲時，身體一天只能代謝掉1100卡熱量。

從這個數據，我們可以發現：年齡越大時，吃同樣的東西，卻越容易胖！因此，可以依據這個原理去計算吃東西的熱量。而白天新陳代謝比晚上快，因此，晚上盡量少吃熱量高的食物，包括澱粉、油脂，因此晚餐可以以蔬果、蛋白質（魚肉蛋奶豆）為主，每天不要攝取超過我們身體可以消耗掉的熱量，就絕對不會胖了！

跟體重拼了！

　　除了吃對的食物、做對的事情之外，減肥瘦身期間還要保持開朗快樂的心情、以及了解自己體重變化的起伏狀況。

　　每天量體重，不是要看每一天的體重差多少？而是要觀察自己瘦身期間體重的變化。有時候，因為水腫一天可以增加一公斤，有時候，因為泡澡、脫水、或是剛好少吃了一餐，少了一公斤，那都沒有什麼太大意義。至於減重的成效，應當以一星期為一個單位，觀察每個星期體重的變化。

　　LULU老師要提醒大家，減重是一個長時間的飲食習慣跟生活習慣的改變，因此千萬急不得，要把它看成是一個中長期的計畫，按部就班，能夠持久，才算成功。短時間的體重下降，通常都會復胖，那不是真正的減重。維持一個長長久久的健康瘦身，才是最重要的！

Chapter 5.
辦公室懶人瑜珈
Office Yoga For Lazy People

　　上班族，最容易因為久坐少動而成為小腹族、痠痛族、水腫族、虎背熊腰族…等等。
再加上工作和家庭的雙重壓力、飲食作息不正常、過度耗損疲累，
更容易因此而導致各種大大小小病痛纏身，造成身心靈長期一直處於失衡狀態！
結果也讓很多上班族感覺自己怎麼越勞累卻越胖！

LULU老師在這個單元要特別為上班族設計7種非常簡單有效又好用的『懶人瑜珈』。
你每天只要利用上班時間5分鐘的空檔，
坐在自己的辦公椅上、不必準備任何道具、不需要寬敞的空間、
不會打擾你隔壁的同事、不會影響工作、不會引起側目！
就能輕輕鬆鬆達到健康、瘦身、塑造美好曲線的效果！

來，現在暫時放下手邊的工作，跟著LULU老師一起動一動吧！

Shape Keeping

我很懶，可是我不想變形！

for Lazy People

Lazy One 懶人第 **1** 招 專剋）掰掰肉、蝴蝶袖

　　上班族長期坐在辦公室裡缺少活動、在加上可能姿勢不良、壓力大，因此很容易會感覺到背部痠痛或脊椎有被壓迫的感覺，這個動作不但可以延展上半身、也可以訓練手臂肌肉、延展手臂肌肉線條、加強訓練我們背部脊椎的延伸、舒展筋骨、達到去除掰掰肉和蝴蝶袖的效果！

〔 懶人瑜珈這樣做 〕　**Please follow me !**

● 雙腳平行，坐姿，骨盆坐在椅子前面三分之一（盡量坐在椅子前端、不要坐滿。但是如果你的辦公室地板太滑、椅子很容易滑開，就要小心不要坐得太邊邊，以免屁股滑落跌傷。）的位置。

● 背部往上延伸，雙手平行，手心朝內，往上延展，停留10～20秒，保持呼吸。

● 大腿和小腿呈90度，上半身跟大腿也呈90度。

LULU小叮嚀

● 在做懶人瑜珈時，最好選擇沒有輪子的椅子，以免受傷；但如果辦公椅沒得選擇，那切記在做瑜珈之前先把輪子腳鎖定好喔！

Lazy Two

懶人第**2**招 〔專剋〕腿部及下盤水腫

這個動作主要是延展大腿後側肌肉，長期久坐容易造成腿部水腫，可以藉由這個動作改善水腫的現象。

〔懶人瑜珈這樣做〕 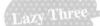 **Please follow me！**

● 坐姿，臀部可以坐進去一點，單腳往上抬起，膝蓋靠近胸口。

● 背部往上延伸，另一隻腳大腿和小腿呈90度，停留10～20秒，保持呼吸。

● 然後換另一隻腳做同樣動作。

Lazy Three

懶人第**3**招
〔專剋〕久坐族小腹、腿部水腫

這個動作在延展大腿及小腿後側肌肉，也有緊實下腹部及背部的功能。上班族久坐問題多多，不但容易有小腹、更會因為吃飽就睡、睡起來又繼續坐著辦公，造成下盤和腿部的水腫肥胖，還容易得到靜脈曲張！平常可以藉由多多練習這個動作來改善。

〔懶人瑜珈這樣做〕  **Please follow me！**

● 坐姿，一隻腳往前延展，腳勾起，腳尖朝天花板，背部往上延伸，停留10～20秒。

● 保持呼吸，然後換腳做。記得背部要挺直。

懶人第4招 (專剋) 加強訓練腳踝力氣、防止腳踝浮腫

　　女生通常都會比較喜歡穿高跟鞋，可能是上班需要的關係。高跟鞋確實可以讓上班族看起來線條比較高、比例比較好、也比較有精神！但是高跟鞋穿久了，如果身體重心（往斜前方）、和走路的姿勢不正確的話，就很容易造成腳踝浮腫、腿部粗壯、肌肉緊繃，愛美之餘也一定要小心注意！需要長期、長時間穿著高跟鞋的OL，記得要多多訓練、加強自己腳踝的支撐力，才能夠把高跟鞋穿得美、又耐得住久站。

〔懶人瑜珈這樣做〕　**Please follow me !**

● 坐在辦公椅前面三分之一左右的位置。

● 背部上提，雙手彎曲放在大腿上，踮起雙腳，把腳背推出去，膝蓋併攏，保持呼吸，停留10～20秒。

● 放鬆，再繼續做。

懶人第5招
(專剋) 腰痠背痛、腿部靜脈曲張

　　這個動作在延展大腿外側肌肉、消除坐骨神經疼痛及酸痛、促進大腿的血液循環、消除靜脈曲張。

〔懶人瑜珈這樣做〕　**Please follow me !**

● 坐在辦公椅前面三分之二的位置，一隻腳翹起來，像是翹二郎腿的感覺。

● 一隻手扶著腳踝，另一隻手放在膝蓋上，另一隻腳的大腿和小腿呈90度，停留10～20秒，保持呼吸、背部挺直。

● 然後換另一隻腳做同樣的動作。

Lazy Six

懶人第**6**招 （專剋） 腰痠背痛、提神醒腦

這個動作可以消除腰痠背痛，也有提神醒腦的功能，因為它可以刺激和活化我們的脊椎。特別適合常常需要動腦想創意、開會腦力激盪的上班族或主管們。

〔懶人瑜珈這樣做〕 **Please follow me！**

● 坐姿扭轉。坐在辦公椅前面三分之一的位置，下盤不動，從腰部平行向右邊扭轉。

● 一隻手放在椅墊上，另一隻手放在大腿外側，停留10～20秒，保持呼吸，吐氣回來。

● 再換左邊。

Lazy Seven

懶人第**7**招
（專剋） 加強腰力、修飾手臂線條

這個動作是祈禱上揚，主要是訓練腰部的功能，延展手臂肌肉群。長期坐在辦公室裡的人，手臂外側的肌肉比較不容易運動到，尤其是掰掰手的部分，這個動作剛好可以訓練手臂肌肉、使手臂線條更漂亮。

〔懶人瑜珈這樣做〕 **Please follow me！**

● 手肘、手掌併攏，吸氣時往上提起來，肩膀放鬆，眼睛看斜上方，停留10～20秒。

● 保持呼吸，大約做10次

Reduce
Swelling and Fat
& Build Your
Perfect Shap

Chapter6

小臉美人
完美改造計劃

■搶救類型: 浮腫型、肥胖型。
■目　　標: 上相的瓜子小臉。

小臉美人完美改造計畫

BE A
SMALL-FACE
BEAUTY

12星期 大臉、肉餅臉　也能DIY成小臉正妹!!

臉孔，幾乎是男人看女人第一眼時，決定印象加分與否的部位。

所以臉部線條漂不漂亮、臉型是否大小適中、肌膚白不白皙、有無光澤？是否細緻不粗糙？…都會影響別人的觀感！

而照顧、保養好自己的臉部，更是每個女生都不應該偷懶的功課。

別以為臉胖或臉大是天生的、無法改善或改變！

其實很多女生都不知道，有二種臉部肥胖的類型是可以靠後天自己在家按摩DIY改變的！

只要看清楚LULU老師在接下來示範的步驟怎麼做、並且持續的做，臉部線條一定會有很明顯的改善！相信我！

因為臉部其實只要能減掉一些脂肪堆積和水腫的部分，就能使整個臉看上去少了一大圈！馬上會給人一種變瘦、五官變立體的感覺！

大家一定都會覺得妳變漂亮了！

下面接下來就是LULU老師專為胖臉一族所設計規畫的『完美小臉打造計畫』，要好好跟著做喔！

♥咀嚼肌是祕訣

有很多女生最吃虧的部分，就是：明明身體四肢都很ok，絕對不胖，但偏偏就是一張臉有些"多肉"，整個人就顯得大上一圈！

　　為什麼臉部常常會看起來肉肉的？如果臉型的線條不鬆垮、可以再緊實一點該有多好！應該沒有一個女生會不想當"小臉美人"吧？臉部線條要好看，除了上醫院動刀或做微整型之外，真的可以跟減肥一樣，靠在家按摩和運動來改善嗎？

♥ 水腫V.S.肌肉群發達

　　每一次拍照時，總是希望自己可以有張甜美、上相的瓜子臉，但是往往事與願違！妳知道原因嗎？其實，除了肥胖及水腫會讓我們看起來像肉餅臉之外，臉部某一些肌肉群過於發達，也會使我們的臉看起來像國字臉。所以，如果你有不同的困擾，一定要用不同的方法來改善，才會有效喔！

1 肌肉發達型大臉

　　答案是：沒錯！重點就是，要放鬆咀嚼肌肉群來修飾臉部的線條。如果妳了解如何正確的運動及按摩（詳見CH18 LULU'S獨家穴道按摩），通常在12個星期內就可以明顯改善原本圓圓、肉肉的大餅臉，讓妳臉型線條瘦下來，輕鬆加入小臉一族！

2 浮腫型大臉

　　浮腫型的人通常是因為新陳代謝功能欠佳。有些人可能是前一晚喝了太多水、隔天臉就腫了。如果你的身體容易出現這種狀況，而且妳的臉看起來也比較胖，多半就是屬於浮腫型。改善的方式可以盡量多走路、多流汗，也可以藉油泡澡來加強新陳代謝、消除浮腫，再配合臉部穴道的按摩（詳見CH18）。

3 脂肪型大臉

　　肥胖型的人則是脂肪容易上臉！每個人脂肪容易囤積的位置都不一樣，有的人肥胖位置會出現在臉部，這樣的人平常就要很小心注意澱粉類的攝取，盡量在傍晚六點過後不要吃太多澱粉類的食物，以免澱粉轉化成醣分、脂肪，導致脂肪全都囤積在臉部和臀部。

> **變臉 Tips**
> 1. 多走路、多流汗。走路流汗可以促進身體新陳代謝、消除臉部水腫。
> 2. 盡量避免咀嚼口香糖、牛肉乾及任何會使咀嚼肌發達的食物。
> 3. 飯後多按摩咀嚼肌、放鬆肌肉。

上胸延展式

主攻 浮腫型大臉

難度 ★★★★

功效 刺激淋巴、加強上半身新陳代謝，消除臉部浮腫、緊實肩頸線條。

❶ 全身平躺於地，雙手握拳，肘抵地。

❷ 吸氣，將頭、胸及腹部往上挺起，背部拱起、下巴上提、頭頂地，保持5次呼吸。

LULU 提醒妳

1. 避免只有後腦勺著地，應讓整個頭頂觸地。
2. 姿勢停留時，頭請勿左右晃動，以免傷及頸部。
3. 注意勿折腰，應盡可能打開胸口及喉腔。

海豚式

主攻 浮腫型大臉
難度 ★★★

功效 加強臉部血液循環及代謝。

❶ 手肘及手掌呈三角形撐地，膝蓋跪地。

❷ 吸氣，臀部向上抬高，直腿踩地，下巴越過手掌，眼看前方，穩定。保持5次呼吸。

LULU 提醒妳

1. 肩膀勿拱起，應讓雙手推地、胸口上提。
2. 重心勿放在雙手，應將腹部內收，以支撐起全身。
3. 勿含胸及下巴內收，讓下巴向前提起，眼睛向前看。

站立前彎式

主攻 脂肪型大臉

難度 ★★★

功效 加強臉部血液循環，預防臉部肌肉下垂。

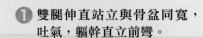

❶ 雙腿伸直站立與骨盆同寬，吐氣，軀幹直立前彎。

❷ 腹部盡量貼近大腿、內收，軀幹向下延伸，保持5次呼吸。

LULU 提醒妳

1. 初學者柔軟度不足時，可利用瑜珈磚輔助，或者是彎曲雙腿，以達到上半身放鬆的目的。

2. 下彎時，要盡量將腹部貼緊大腿，以避免背部拱起，導致背部肌肉緊張。嚴重者會引起背部疼痛！

功效 緊實身體上部位肌肉群，消除臉部及肩背的贅肉。

蛇式

主攻 脂肪型大臉
難度 ★★

❶ 身體躺臥在地，手掌於胸口左右側貼地，手肘朝上緊靠身體兩側。

❷ 吸氣，用腹部、背部力量將軀幹向上提起，下巴微提，胸擴、肩沉，雙腿併攏、伸直向後延伸，保持5次呼吸。

LULU 提醒妳

1. 初學者應讓手肘保持彎曲，運用腹部及背部的肌力往上揚。
2. 小心勿折頸椎。應感覺從胸口、喉嚨到後腦勺呈一拋物線，有向上延伸的力量。
3. 肩膀勿上提，應下沉，並保持胸口的開擴。

獅面式

主攻 浮腫型大臉

難度 ★

功效 加強臉部肌肉的彈性及緊實度。

❶ 跪坐於地,雙手往前延伸,手指朝下張開。

❷ 臉部肌肉撐開,嘴巴張到最大,舌頭吐出停留5秒,可重複幾次。

LULU 提醒妳

注意下顎的開合,以自己舒服的幅度為主,不要過於勉強。

鋤式

主攻 浮腫型大臉

難度 ★★★★★

功效 加強臉部及上半身的代謝，消除雙下巴。

❶ 全身平躺於地，雙腿、臀部向上提起，手肘撐地、手掌扶背，胸口緊靠下巴，雙膝彎曲。

❷ 雙腳向後伸直，腳趾觸地，保持5~10次呼吸。

LULU 提醒妳

1. 初學者可在腳下放一枕頭，以減少背部及腿部的壓力。
2. 盡可能將鎖骨靠近下巴，讓背部及腿部達到最大的伸展。
3. 姿勢停留時，頭勿左右晃動，以免傷及頸部。

Chapter 1

脖頸美人

性感指數飆高

- ■搶救類型：聳肩、內凹肩
- ■目　　標：除脖紋、消肥厚肌肉、
  　　　　　　打造性感美頸

脖頸美人
性感指數飆高
SEXY NECK
AND CHIN

肥厚、暗沈、頸紋　讓妳看起來老10歲!!

肩頸部的線條細不細緻、弧度美不美，常常是決定一個女人性感指數的關鍵部位！從脖頸、到肩膀、鎖骨附近，如果要當個美女，皮膚應該是沒有很深的紋路、沒有多餘的脂肪堆積、沒有肥厚的肌肉聳起來妨礙美感！

然而，大部分的女生可能不知道，有時候肥厚的肩頸不見得是因為肥胖的關係，而是因為平常的姿勢出了問題！

肩膀『不正確的使用姿勢』有兩種：一種是習慣性聳起肩膀（聳肩），另一種則是胸口內凹（內凹肩）。

這二種姿勢長期下來都會使女生的肩頸線條變肥厚、脖紋變深變暗沉、肥肉脂肪堆積，而大大的影響美感，使妳看起來既癡肥又老態！

在瑜珈的動作中，鋤式、三角前彎可以改善聳肩；魚式、坐姿扭轉、蝗蟲式可以改善內凹肩；弓式則是可以同時改善聳肩及內凹肩。

♥斜方肌是美頸的關鍵

肩頸的肌肉能夠放鬆、拉長，頸部的線條才會漂亮。

很多女生發現自己肩頸線條不夠漂亮的原因，是因為不會放鬆斜方肌、不會延伸胸鎖乳突肌、不會拉扯頸擴肌！

肩膀若時常需要背負書包或重物，容易造成斜方肌一上一下，兩邊力量不平均，會影響到肩頸的肌肉。

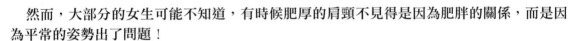

這個章節示範的動作，就是要教妳如何延展並放鬆肩頸的肌肉，改善自己的頸部線條，讓妳也敢大方露出肩頸部美好的弧度、展現女人的性感！

頸部就像是樹木的年輪，女人很容易從頸部被猜出年紀。年紀越大，頸部的紋路越多、越深。

所以我們要多做一些延展動作、多放鬆斜方肌，這樣會有助於美化肩頸線條及緊實肩頸肌肉！皮膚才會緊緻、看起來不顯老，是想要美頸一定要認識的第一個重要肌肉組織。

肩頸肌肉圖解

1. 斜方肌：

位於頸部和背部的皮下，一側成三角形，左右兩側相合，構成斜方形，因此稱為斜方肌。

2. 胸鎖乳突肌：

這是頸部淺層最顯著的肌肉。

3. 頸闊肌：

位於頸部前面皮下最淺層，收縮時拉口角向下，並拉緊頸部皮膚。

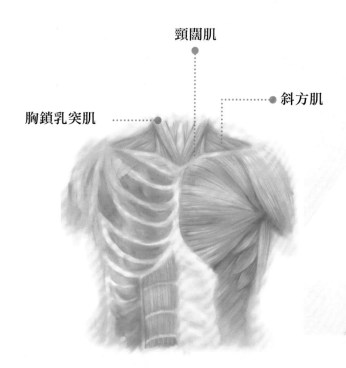

頸闊肌

斜方肌

胸鎖乳突肌

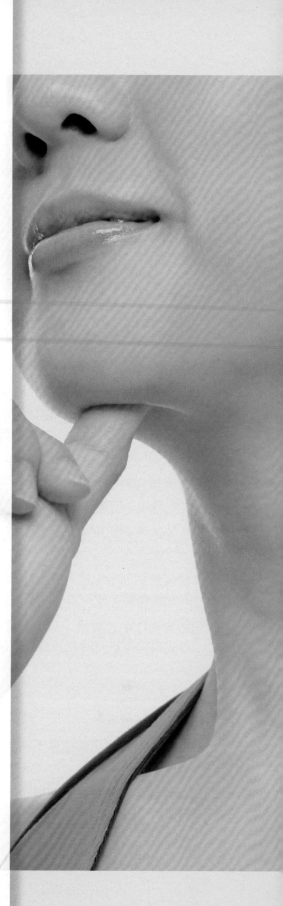

鋤式

主攻 聳肩
難度 ★★★★★

功效 放鬆斜方肌,避免肩膀習慣性聳起。

❶ 全身平躺於地,雙腿、臀部向上提起,手肘撐地、手掌扶背,胸口緊靠下巴,雙膝彎曲。

❷ 雙腳向後伸直,腳趾觸地,保持5~10次呼吸。

LULU 提醒妳

1.初學者可在腳下放一枕頭,以減少背部及腿部的壓力。
2.盡可能將鎖骨靠近下巴,讓背部及腿部達到最大的伸展。
3.姿勢停留時,頭勿左右晃動,以免傷及頸部。

美頸瑜珈必殺技

上胸延展式

主攻 內凹肩

難度 ★★★★

功效 刺激淋巴，加強上半身新陳代謝，消除臉部浮腫、美化肩頸線條。

❶ 全身平躺於地，雙手握拳，肘抵地。

❷ 吸氣，將頭、胸及腹部往上挺起，背部拱起、下巴上提、頭頂地，保持5次呼吸。

LULU 提醒妳

1. 避免只有後腦勺著地，應讓整個頭頂觸地。
2. 姿勢停留時，頭請勿左右晃動，以免傷及頸部。
3. 注意勿折腰，應盡可能打開胸口及喉腔。

坐姿扭轉

主攻 肩線線條

難度 ★★★

功效　1. 增加脊椎彈性，舒緩背部痠痛。
　　　2. 延展胸鎖乳突肌、緊實頸部肌肉，預防鬆弛。

❶ 雙腳自然盤腿，坐姿，
　雙手放在膝蓋上。

❷ 吸氣，腰部以上平行向右邊扭轉，右手撐住地板，
　保持5次呼吸，再換邊。

LULU 提醒妳

1. 肩膀勿緊張，應放鬆，讓腹部、胸口與背部
2. 自然向後扭轉。
3. 應從腹部開始扭轉，而非只有胸口向後轉。
　兩邊臀部不離地，胯部也不要歪斜或提起。

三角站立式

主攻 肩頸鬆弛
難度 ★★★

功效
1. 加強背部力量、調整脊椎姿勢不良。
2. 穩定肩頸肌肉群，訓練斜方肌與手臂肌群，美化線條。

❶ **雙腿往旁張開**(寬度約為自己一條腿的長度)，**雙腳腳板內緣平行。**

❷ 吸氣，脊椎往上延伸，帶動雙手往兩旁舉起，手心朝下。

❸ 大腿往上延伸，膝蓋伸直，避免臀部往後翹。雙手往旁延展，保持呼吸，停留20~30秒。

LULU 提醒妳

1. 當動作停留時，要不斷延伸身體的末端，找到身體的重心，達到平衡。
2. 肩膀與斜方肌需有向下的力氣，才能延展、拉長肩頸的線條。

三角前彎

主攻 聳肩、斜方肌發達
難度 ★★★★

功效
1. 反方向拉提肩頸肌群。
2. 舒緩肩頸痠痛。

❶ **雙腿往旁打開**(寬度約為自己一條腿的長度)，**膝蓋伸直，雙手扠腰。**

❷ 吐氣，上半身往前延伸，雙手撐地保持呼吸。吸氣，身體往前延伸，運用背部及腰部的力氣往上回正。

LULU 提醒妳
1. 初學者可用雙手撐住磚頭或書本。
2. 勿含胸及拱背，應盡可能保持背部延展。
3. 避免膝蓋內扣，膝蓋應與大姆指同方向。
4. 關節較鬆者，應避免刻意下壓膝蓋。膝蓋會疼痛時，可微彎膝蓋，以保持膝蓋的彈性與穩定。

弓式

主攻 肩頸線條不佳
難度 ★★★★

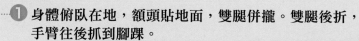

功效
1. 強健背部肌肉與脊椎彈性。
2. 穩定肩頸肌群，美化線條。

❶ 身體俯臥在地，額頭貼地面，雙腿併攏。雙腿後折，
手臂往後抓到腳踝。

❷ 吸氣，用背部、腹部力量將上半身與雙腳提起，胸口往前擴
張，雙手手肘伸直，腳踝往後施力，臀部微微夾緊，雙腿往
上延伸。只有腹部貼在地板上，保持呼吸10~20秒。

LULU 提醒妳

1. 要收緊臀部及大腿肌肉。
2. 呼吸會感覺較淺，這是正常現象，勿憋氣。
3. 雙手握住腳踝時要伸直。
4. 懷孕、背部受傷及正值生理期者，應避免此動作。

Chapter8
6招瑜珈
讓妳變美胸女神

- ■搶救類型:副乳、胸部下垂。
- ■目　　標:豐胸、堅挺、消除副乳、緊實彈性。

6招瑜珈讓妳變美胸女神

6 YOGA POSES TO UP YOUR BREASTS

按摩、運動+食補，立體美胸很容易！

很多人可能都不知道，胸部要美麗、豐滿而堅挺，跟運動和飲食都息息相關！只要在日常生活中做好這2件事，即使過了青春期的發育階段，還是可以讓胸部upup喔！

透過運動，女生可以強化胸部肌肉群，使胸部堅挺不下垂！

而正確的飲食，則可以幫助內分泌及荷爾蒙正常，維持及調整胸部的脂肪比例，使胸部更加豐滿！

♔ 美胸看這裡 Tips

1. 平常可以多食用植物性雌激素，例如：豆漿、枸杞、紅棗、豆類、山藥、核桃、松子、燕窩、白木耳、花生…等，如果在排卵期食用效果更佳喔！此外，魚、蝦、蟹…等海鮮類，對於美胸也有很大的幫助。

2. 用餐要定時定量，維持血糖穩定。如果希望荷爾蒙正常，就需要靠身體正常調節、健康而且穩定。飲食不正常或常常讓自己的血糖不穩定，容易造成內分泌失調或手腳冰冷的症狀。

3. 保持心情穩定、愉快。心情愉快是荷爾蒙正常的一大要素。

4. 正確選擇內衣。

5. 睡眠充足。

SBEAUTY

美胸肌肉圖解

胸大肌

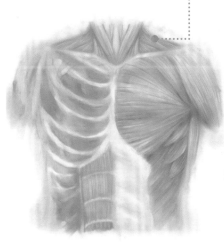

1. 胸大肌：位於胸前皮下，
   為扇形扁肌，是支撐女性
   乳房的肌肉。要維持胸形
   漂亮不下垂，胸大肌是最
   主要的肌肉。

2. 背部肌肉群：想要胸部尖
   挺，背部的肌群肉也要加
   以訓練，才能讓胸口上
   挺、胸形漂亮。

背部肌肉群

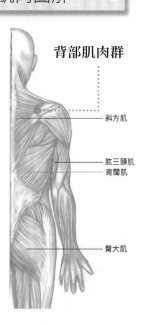

斜方肌

肱三頭肌
背闊肌

臀大肌

美胸女神瑜珈

蛇式

主攻 改善胸部下垂

難度 ★★

功效

1. 可藉由地板按摩下腹部，達到刺激、活化子宮及卵巢的功能，促進荷爾蒙正常，也可以緊實、延展胸部肌群，具有雙重效果的動作。
2. 加強脊椎彈性，強化背部肌肉群、胸部肌肉。
3. 預防胸部下垂。

❶ 身體俯臥在地，手掌於胸口左右側貼地，手肘朝上緊靠身體兩側。

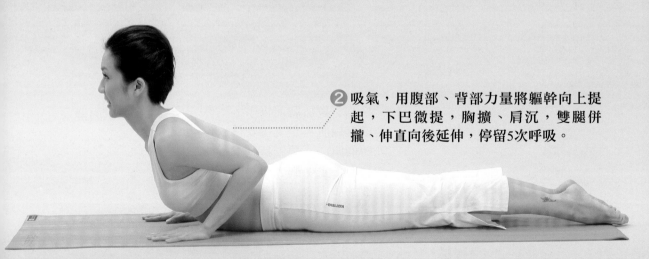

❷ 吸氣，用腹部、背部力量將軀幹向上提起，下巴微提，胸擴、肩沉，雙腿併攏、伸直向後延伸，停留5次呼吸。

LULU 提醒妳

1. 脊椎或背部受傷者不宜。
2. 手肘保持彎曲，運用背部的肌力往上揚。
3. 初學者應讓手肘保持彎曲，運用腹部及背部的肌力往上揚。
4. 小心勿折頸椎。應感覺從胸口、喉嚨到後腦勺呈一拋物線，有向上延伸的力量。
5. 肩膀勿上提，應下沉，並保持胸口的開擴。

美胸女神瑜珈

功效 適合隨時隨地練習的動作，訓練胸大肌與背闊肌，預防胸部下垂。

❶ 坐姿，雙手合掌、手肘相合，上手臂與肩膀平行。

❷ 吸氣，手肘上提，保持呼吸10~15秒。

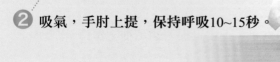

LULU 提醒妳

背部要直，不折腰、手肘確實夾緊。

上胸延展式

主攻 胸部下垂、
防止副乳產生

難度 ★★★
★★

功效 訓練胸大肌，防止副乳產生。對於胸部下垂，有很大的反地心引力效果，可多加練習。

❶ 全身平躺於地，雙手握拳，肘抵地。

❷ 吸氣，將頭、胸及腹部往上挺起，背部拱起、下巴上提、頭頂地，保持5次呼吸。

LULU 提醒妳

1. 屬於有一點難度的動作，若柔軟度不夠好，可以使用抱枕輔助。
2. 避免只有後腦勺著地，應讓整個頭頂觸地。
3. 姿勢停留時，頭請勿左右晃動，以免傷及頸部。
4. 注意勿折腰，應盡可能打開胸口及喉腔。

美胸女神瑜珈

背後祈禱式

主攻 豐胸、美化胸部線條

難度 ★★★★

❶ 跪坐於地,背部伸直。

❷ 雙手於後背合掌,手肘外開,保持5次呼吸。

LULU 提醒妳

1.如果柔軟度不佳,雙手手指可於下背部交叉、交扣。
2.肋骨要收,避免腹部向前凸出。

美胸女神瑜珈

噴泉式

主攻 副乳、拉長身
體線條

難度 ★★

功效
1. 是一種非常簡單，而具有多重效果的動作。
2. 訓練背闊肌與胸大肌，加強循環。
3. 訓練身體上部位至手臂的肌肉力氣，預防副乳及拉長全身肌肉線條，使比例看起來更修長，也有伸展脊椎的效果，對健康好處多多。

❷
吸氣，頭略略抬起，眼看上方，全身有向上延伸的感覺。

❶
站立，吸氣，雙手往外張開、手肘拉直，於上方合掌，手臂高舉過頭，並貼在耳朵兩旁。

LULU 提醒妳

1. 心臟病、高血壓、脊椎重傷或懷孕者，不適合做此動作。
2. 上半身往上的力量，是像噴泉般的往上提升，而不是往後彎曲背部、折腰。
3. 讓頸部伸展，而非壓迫頸椎。

美胸女神瑜珈

功效	1. 是一個隨時隨地都可以練習的動作，尤其是在辦公室，建議每個小時做1次，可以提昇精神及工作效率。 2. 在美化身體線條方面，有延展手臂肱二頭肌、胸大肌，預防副乳產生的效果。

① 跪坐姿，雙手在背後握拳，眼睛平視前方。

② 吸氣，手肘打直，保持10~15次呼吸。

LULU 提醒妳

1. 雙手無法在背後交握者，可用毛巾或瑜珈繩輔助。
2. 腰部直立，避免過度折腰。

Chapter 9

掰掰肉OUT!!
美臂速成班

■搶救類型:肌肉型、肥肉型。
■目　　標:手臂線條勻稱、纖細。

掰掰肉OUT!! 美臂速成班
SAY GOOD TO YOUR ARM FAT

無痛苦 一次解決二種難看的掰掰肉！

掰掰手(又稱掰掰肉、掰掰袖、蝴蝶袖)的類型，分為肌肉型及肥肉型兩種。肌肉型的掰掰手，就像健美先生一樣肌肉線條短而粗、整個人看起來會很像金剛芭比！

形成的原因通常都是因為常常舉起過重的物品、抱小孩抱太久、或者是習慣用手臂使力來做事情。

要搶救肌肉型的掰掰手，沒有別的方法，只能靠著延長、延展肌肉來改善！而瑜珈就是延展肌肉最好的運動，可以讓身體的肌肉變得比較柔軟。

還有，記得不要再用手臂來做太多粗重的工作，要多訓練借用背部的力氣！

而肥肉型的掰掰手，手臂上的肥肉非常不討喜，例如：穿著清涼的露背裝時，會發現手臂出現礙眼的掰掰肉。這種感覺很令人沮喪！通常是因為經絡的阻塞、穴道的氣滯或血瘀、代謝機能不順暢，造成手臂局部的浮腫。

要搶救這一型的掰掰手，我們要做的瑜珈動作除了延展之外，還要多做能夠加強新陳代謝效果的動作，讓血液或水分比較容易代謝掉。

手臂容易肥胖的人，通常都是因為心臟功能比較不好，因此最好能夠多做瑜珈讓胸口打開，之後手臂的肌肉線條就會比較漂亮。

美臂瑜珈

背後連結式

主攻 肌肉型掰掰手
難度 ★★★

功效 延展手臂肱三頭肌、消除掰掰手。加強上臂血液循環。

❶ 跪坐姿，右手肘朝上，左手肘朝下。

❷ 兩手掌於背後交扣，胸擴、肩開。兩手肘上下呈牛角狀，保持5次呼吸，換邊。

LULU 提醒妳

1. 雙手無法在背後交扣者，可用毛巾或瑜珈繩輔助。
2. 手肘往上方及下方撐開，以利肩背的伸展。
3. 盡可能保持胸口的開擴。

後祈禱延展式

主攻 美化手臂線條
難度 ★★

功效 延展手臂肱二頭肌、美化粗壯的手臂。

❶ 跪坐姿，雙手在背後握拳，眼睛平視前方。

❷ 吸氣，手肘打直，保持10~15次呼吸。

LULU 提醒妳

1. 雙手無法在背後交握者，可用毛巾或瑜珈繩輔助。
2. 腰部直立，避免過度折腰。

三角式

主攻 延展肌肉、
　　美化手臂線條
難度 ★★

功效　延展手臂肌肉群、美化線條。

❶ 雙腿往旁張開(寬度約為自己一條腿的長度)，
　雙腳腳板內緣平行。

❷ 吸氣，脊椎往上延伸，帶動雙手
　往兩旁舉起，手心朝下。

❸ 大腿往上延伸，膝蓋伸直，避免
　臀部往後翹。雙手往旁延展，保
　持呼吸，停留20~30秒。

LULU 提醒妳

1. 當動作停留時，要不斷延伸身體的末端，
　找到身體的重心，達到平衡。

平桌式

主攻 肥肉型掰掰手

難度 ★★★

功效 加強手臂力氣及循環、消除贅肉。

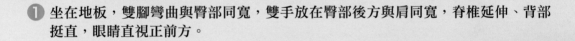

❶ 坐在地板，雙腳彎曲與臀部同寬，雙手放在臀部後方與肩同寬，脊椎延伸、背部挺直，眼睛直視正前方。

❷ 吸氣，雙手撐地、雙腳推地，臀部往上抬。上半身平行於地板，想像自己的身體要跟桌面一樣平坦，頭往後仰起，保持5次呼吸。

LULU 提醒妳

1. 手腕受傷者可用瑜珈磚輔助，減少手腕承受的壓力。
2. 可用瑜珈繩套住雙腿，避免因腿部力量不夠，雙腿膝蓋外翻，造成腳踝過大的壓力。
3. 低血壓者，頭避免後仰過度，造成暈眩。

背後祈禱式

主攻 肌肉型、美化手臂線條

難度 ★★★

功效 延展手臂前三角肌、美化線條。

❶ 跪坐於地,背部伸直。

❷ 雙手於後背合掌,手肘外開,保持5次呼吸。

LULU 提醒妳

1. 如果柔軟度不佳,雙手手指可於下背部交叉、交扣。肋骨要收,避免腹部向前凸出。

功效 加強身體上部位至手臂的肌肉力氣及循環。

噴泉式

主攻 手臂肌肉線條
難度 ★★

2 吸氣，頭略略抬起，眼看上方，全身有向上延伸的感覺，保持呼吸。

1 站立，吸氣，雙手往外張開、手肘拉直，於上方合掌，手臂高舉過頭，並貼在耳朵兩旁。

LULU 提醒妳

1. 心臟病、高血壓、脊椎重傷或懷孕者，不適合做此動作。
2. 上半身往上的力量，是像噴泉般的往上提升，而不是往後彎曲背部、折腰。
3. 讓頸部伸展，而非壓迫頸椎。

Chapter 10

當個性感百分百的
背影殺手

- ■搶救類型:駝背、肥肥背。
- ■目　　標:改善虎背熊腰、打造成美
　　　　　背正妹。

當個性感百分百的背影殺手
GET A SEXY
SILHOUETTE

坐姿 站姿 決定了妳是虎背熊腰，還是美背正妹！

妳是不是常常困擾於自己明明不算很胖、卻有個怎麼看怎麼臃腫、非常不好穿衣服的虎背熊腰？!

我們的背部線條美不美、是不是容易肥厚、長贅肉…其實都跟我們平常的坐姿和站姿正不正確息息相關！

坐姿方面，當我們坐著使用電腦時，會建議你的所有的角度都是呈90°。例如：大腿與小腿呈90°、上半身與大腿呈90°、上手臂與下手臂呈90°，因為90°是最不花力氣、最容易延伸肌肉的角度！

而當我們站著的時候的錯誤姿勢，通常是跟提重物、或是揹包包有關。

揹包包的時候要輪流換邊揹，不然肩膀、背部就會一高一低的，這樣容易造成脊椎側彎，背部線條就會不漂亮。

或者是有習慣性駝背的人，這樣的人背部力氣比較不夠，要訓練背部力氣多一點，也才可以站得比較挺直、背部線條比較漂亮！

訓練站姿的時候也可以把背部貼著牆壁，或做『坐姿直立式』這個瑜珈動作時，用背部貼牆來訓練背部的力量，讓妳上背的肌肉比較挺、比較直，站的時候比較不容易駝背。

而如果妳站著的時候身體不夠挺直，通常是跟骨盆前傾和後傾有很大的關係，必須正確調整自己的骨盆！

骨盆不管是前傾或後傾，都會造成背部線條彎曲！

前傾時，背部線條會往後、肩胛骨會收起來，肌肉就容易緊繃；後傾時，則容易造成駝背、腰痠背痛，腰椎容易受到壓迫。

身體的肌肉就好像積木一樣，肌肉與肌肉之間是連在一起而不是各自獨立的。

而不管我們在站著或是坐著的時候，每個肌肉群都要平均的用到它和活動到，這樣才可以站得漂亮、坐得漂亮、也才能一直保持健康的體態。

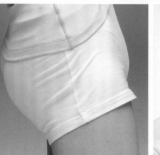

骨盆前傾　　　　　　　　　骨盆後傾

虎背熊腰絕不是一天造成的！

只要是愛美的女生們，一定會希望自己擁有白皙光滑、線條完美的背部曲線，但偏偏背部是我們最容易忽略、也是最不容易照顧到的部位！

所以如何雕塑出令人羨慕的美背，已經成為所有正妹都一定不能忽略的保養功課了！

背部肥厚難看常見的問題有兩種，分別是駝背及肥肥背。如何改善這兩種情況，一定要先了解形成的原因，才能找到對症下藥的方法！

LULU老師在這裡就分別為大家解開疑惑吧！

造成駝背的原因很多，大部分是因為背肌平常不習慣用力或力氣不夠，而將支撐身體的主要力量都交給了胸肌，所以無法將身體重心拉回中心線。

嚴重的駝背，會影響我們的呼吸系統及胸腔器官，所以必須加強上背部肌力，讓身體各部位肌力均衡，自然就不會駝背了。

至於要消除令人傷透腦筋的肥肥背(肥厚的虎背熊腰)，由於全身的肌肉群就屬背部肌肉群最不容易訓練，所以一定要勤於練習特定的瑜珈動作，才能燃燒脂肪、美化背部線條。

我們該加強訓練的背部肌肉圖解

☆背闊肌：
位於腰背部和胸部外側，是全身最大的肌群。由於背闊肌部分纖維起於肋骨，因此它可協助提起肋骨、幫助身體向上穩定，所以是可以用來改善駝背的肌肉。

☆棘肌：
位於脊柱兩側，像兩根大立柱，從頭部的枕骨到脊柱的最末端，是支撐脊椎的肌肉群，也是用來穩定身體、改善駝背的肌肉。

美化背部的肋骨呼吸法

☆保持盤坐姿勢，閉上眼睛，全身肌肉放鬆，不刻意用力。
☆吸氣，感覺氣體從喉嚨進入，並振動聲帶，因此會自然發出細微的呼吸聲。
☆讓氣體逐漸充滿下腹部、上腹部，肋骨也隨之往外擴張開來，持續吸氣，直到氣體充滿整個上半身(包括胸腔、背部)，再緩緩將氣體完全吐出體外。整個吸吐氣的循環盡量長且深。

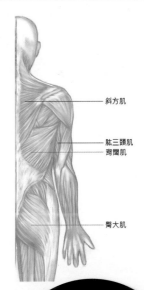

斜方肌

肱三頭肌
背闊肌

臀大肌

肋骨呼吸法可以有效的運用呼吸來訓練背部肌肉群，常常練習也可以增加肺活量、促進身體的新陳代謝。

貓式

主攻 矯正肥肥背

難度 ★★

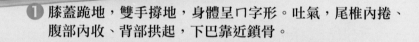

功效 加強背部柔軟度及代謝、消除贅肉。

❶ 膝蓋跪地，雙手撐地，身體呈ㄇ字形。吐氣，尾椎內捲、腹部內收、背部拱起，下巴靠近鎖骨。

❷ 吸氣，雙手掌心撐地，背部向前延展，頭抬起，眼睛看前方；吐氣，再回第1分解動作。吸吐為1次，大約做5~10次。

LULU 提醒妳

1. 手掌與膝蓋的距離應為身體的長度，使脊椎能在最輕鬆的狀態下活動。

2. 手肘關節需保持穩定與彈性，關節較鬆者需特別注意，勿卡死手肘處。

3. 勿將上半身力量往下壓，應將肩膀向後推開，讓胸口向上提起。

手部鷹式

主攻 矯正肥肥背

難度 ★★★

功效 延展背部肌肉線條、加強代謝。

❶ 坐姿,左手越過右手,雙肘彎曲。

❷ 手掌相合,眼看指尖,尾椎內捲,腹部內收上提,胸擴、肩開,保持呼吸,維持10~15秒,再換邊。

LULU 提醒妳

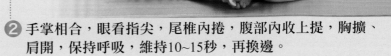

1. 小心勿折頸椎。應感覺從胸口、喉嚨到後腦勺呈一拋物線,有向上延伸的力量。
2. 手肘上提同時讓肩膀下沉,肩胛骨才能有足夠的空間延展。
3. 腹部上提,勿折腰。

鋤式

主攻 矯正肥肥背

難度 ★★★★

功效 加強背部柔軟度及代謝、消除贅肉。

❶ 全身平躺於地，雙腿、臀部向上提起，手肘撐地、手掌扶背，胸口緊靠下巴，雙膝彎曲。

❷ 雙腳向後伸直，腳趾觸地，保持5~10次呼吸。

LULU 提醒妳

1. 初學者可在腳下放一枕頭，以減少背部及腿部的壓力。
2. 盡可能將鎖骨靠近下巴，讓背部及腿部達到最大的伸展。
3. 姿勢停留時，頭勿左右晃動，以免傷及頸部。

勇士III

主攻 矯正駝背

難度 ★★★★

功效 加強腰腹臀力量、美化背部線條、預防駝背。

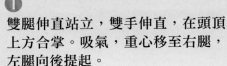

❶ 雙腿伸直站立，雙手伸直，在頭頂上方合掌。吸氣，重心移至右腿，左腿向後提起。

❷ 吐氣，軀幹與雙手向前延伸，直到左腿及軀幹與地面平行。穩定、平衡，保持5次呼吸，再換邊。

LULU 提醒妳

1. 初學者可利用牆壁或椅子做為輔助。
2. 初學者肌力不夠時，也可將站立腿的膝蓋微彎，以減少膝蓋壓力過大而受傷。
3. 上半身與雙腿應呈一直線，而非一高一低。

金字塔式

主攻 矯正駝背

難度 ★★★

功效 延展背部肌肉群，訓練背闊肌、防止駝背。

❶
貓式預備。

❷
吐氣，膝蓋離開地板，先讓膝蓋保持一點彎曲，後腳跟離地，延伸你的小背(尾骨到腰之間)，坐骨往天花板延伸雙腳保持平行。

❸
吐氣，雙腳大腿往後推、後腳跟放到地上伸直膝蓋，拉長腿部肌肉而不是用力頂住膝蓋，兩腳保持平行，所以大腿肌肉會有點往內延伸。手臂往前延伸帶動腰部以上的背部肌肉，延展頭部、頸部、手臂、肩膀及背部，坐骨往天花板延伸，使上半身保持一直線，停留10次呼吸。

LULU 提醒妳

1. 有高血壓及頭痛症狀的人，必須使用瑜珈磚或瑜珈枕支撐頭部。
2. 柔軟度不佳者，可以彎曲膝蓋。

弓式

主攻 矯正駝背

難度 ★★★★★

功效
1. 強健背部肌肉與脊椎彈性。
2. 改善駝背現象。

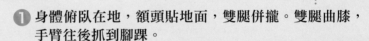

❶ 身體俯臥在地，額頭貼地面，雙腿併攏。雙腿曲膝，
手臂往後抓到腳踝。

❷
吸氣，用背部、腹部力量將上半身與雙腳提起，胸口往前擴張，雙手手肘伸直，腳踝
往後施力，臀部微微夾緊，雙腿往上延伸。只有腹部貼在地板上，保持呼吸10~20秒。

LULU 提醒妳

1. 要收緊臀部及大腿肌肉。
2. 呼吸會較淺為正常，勿憋氣。
3. 雙手握住腳踝時要伸直。
4. 懷孕、背部受傷及正值經期者，應避免練習此一招式。

Chapter 11

水桶大嬸變蛇腰美人

DON'T!
DOWNSIZE YOUR WAIST

有腰？沒腰？ 防水腫、少吃肉是關鍵

■ 搶 救 類 型：水桶腰、肥肉腰。
■ 目　　　　標：纖細腰臀、S曲線。

常常聽到人家讚美性感美女有副迷死人的水蛇腰！可見對異性來説，女人富有彈性、纖細的腰枝確實會大大提高性感度、讓男人目不轉睛！

但是，很多人在減肥的時候，都不知道該怎麼讓越來越粗廣的腰圍瘦一圈！眼看著脂肪一直往那裡集中、堆積，不要説夢想能有個水蛇腰了，不是水桶腰就不錯了！

現在，在教妳怎麼從水桶腰大嬸變成蛇腰美人之前，我們先來看看水桶腰是怎麼"養"出來的？

水桶腰的肥胖是屬於水腫型，特徵是胖得很均勻，整個腹部都是圓圓、鼓鼓的，旁邊沒有明顯的折痕。這類型的人，腹部的皮膚會變得很白、皮很薄，要改善就必須先解決水腫問題。

想要預防水腫，晚上盡量不要喝太多水、不要吃太鹹的食物！雖是老生常談，但很少人注意到它的嚴重性和對身體的影響！

而手腳冰冷的人，如果沒有做運動、又喜歡吃冰冷的食物、或是經常處在潮溼、冰冷的空間裡，體質會變得比較寒，更容易得到水桶腰。

肥肉腰的形成

肥肉型的肥腰很容易變成三層肉，瘦下來的時候就像游泳圈一樣。

這樣的人通常比較嗜吃肉類，因為飲食習慣造成脂肪容易堆積在腹部，建議你可以在吃飯前先喝湯，再吃蔬菜，最後才吃肉類，不要把自己的身體變成酸性。

另外要提醒大家，肉類的食物最好不要天天吃，如果真的非吃肉不可，可以選擇魚、雞等白肉類的、盡量避免吃進太多紅肉類(豬牛羊…)。

每餐最好只吃八分飽，因為有肥肉腰的人，是最容易放縱自己吃下過多食物的，讓自己吃得太飽、容易累積脂肪和增加代謝困難，要特別注意！

坐姿扭轉

主攻 水桶腰

難度 ★★

功效
1. 增加脊椎彈性,舒緩背部痠痛。
2. 延展胸鎖乳突肌、緊實頸部肌肉,預防鬆弛。

❶ 雙腳自然盤腿,坐姿,雙手放在膝蓋上。

❷ 吸氣,腰部以上平行向右邊扭轉,右手撐住地板,
保持5次呼吸,再換邊。

LULU 提醒妳

1. 肩膀勿緊張,應放鬆,讓腹部、胸口與背部
自然向後扭轉。
2. 應從腹部開始扭轉,而非只有胸口向後轉。
3. 兩邊臀部不離地,胯部也不要歪斜或提起。

噴泉式

主攻 肥肥腰

難度 ★

功效 加強身體上部位至手臂的肌肉力氣及循環。

❶
站立，吸氣，雙手往外張開、
手肘拉直，於上方合掌，手臂
高舉過頭，並貼在耳朵兩旁。

❷
吸氣，頭略略抬起，眼看
上方，全身有向上延伸的
感覺，保持呼吸。

LULU 提醒妳

1. 心臟病、高血壓、脊椎重傷或懷孕者，不適合做此動作。
2. 上半身往上的力量，是像噴泉般的往上提升，而不是往後。
3. 彎曲背部、折腰。
4. 讓頸部伸展，而非壓迫頸椎。

側邊延伸式

主攻 肥肥腰
難度 ★★★

❶ 雙腿張開寬度約為一隻腿長的距離，左腳板張開90度，右腳板內扣45度，骨盆朝向前方，雙手向左右伸直與肩同高。

❷ 軀幹向右延伸，右腿彎曲，右手放在大腿上，左手向上延伸，頭轉朝上，保持5次呼吸，再換邊。

LULU 提醒妳

1. 彎曲腿的膝蓋勿內扣，這樣會使踝關節與膝關節受損。
2. 避免後腿彎曲，同時讓後腿腳跟踩地，而非刻意下壓膝蓋。
3. 支撐手的肩膀勿下壓，應讓手掌推地、胸口上提。

椅子式

主攻 肥肥腰
難度 ★★★

功效　1.加強背闊肌群、核心肌群，美化腰部線條。
　　　2.強化腿部、背部及手臂力量與彈性。

❶
雙腳站立，吸氣，雙手往兩旁張
開，手肘往上伸直，手心朝內，
手臂貼近雙耳。

❷
吐氣，雙腳膝蓋彎曲，上半身可微微往前
傾（依個人自然脊椎曲線而定），讓脊椎可保持延
展。肋骨及尾骨往內微微收起，眼睛直視
斜前方，保持呼吸，停留10~30秒。吸氣，
雙腿慢慢往上站直；吐氣，手慢慢放回身
體兩旁，回到站立姿勢。

LULU 提醒妳

1. 雙腿平均施力，避免重心歪斜。
2. 腹部保持往上延伸的力量，勿將上半身力量往下坐。
3. 勿將肋骨過度往外大開，造成折腰現象。

弓式

主攻水桶腰

難度 ★★★★★

功效

1. 緊實腰背肌肉群。
2. 按摩腹部器官,改善消化系統及便秘現象。
3. 讓臀部結實,美化手臂、腿部與背部線條。
4. 強健背部肌肉與脊椎彈性。
5. 改善含胸與駝背現象。

❶ 身體俯臥在地,額頭貼地面,雙腿併攏。雙腿曲膝,手臂往後抓到腳踝。

❷ 吸氣,用背部、腹部力量將上半身與雙腳提起,胸口往前擴張,雙手手肘伸直,腳踝往後施力,臀部微微夾緊,雙腿往上延伸。只有腹部貼在地板上, 保持呼吸10~20秒。

LULU 提醒妳

1. 要收緊臀部及大腿肌肉。
2. 呼吸會較淺為正常,勿憋氣。
3. 雙手握住腳踝時要伸直。
4. 懷孕、背部受傷及正值生理期者,應避免練習此動作。

蛇腰瑜珈

功效
1. 讓雙腿更強壯，消除腰部贅肉，美化腰部及臀部線條。
2. 改善呼吸及消化系統。
3. 增強脊椎彈性。

三角延伸式

主攻 水桶腰
難度 ★★★★

❶ 雙腳往旁跨開，右腳板往右轉開90度，左腳板向右轉動60度。

❷ 吸氣，脊椎往上拉長；吐氣，上半身從腰部往右邊平行移動，將左側腰肌肉延展開。

❸ 吸氣，脊椎往前拉長，調整身體重心；吐氣，右手往下拉長。左手手肘打直往上延伸，頭慢慢抬起，眼睛看到左手手指。

右手抓住右腳腳踝，左手往上延伸，脊椎往前拉長，胸腔往前打開，骨盆往前翻正，雙腿往下踩穩。保持呼吸，維持姿勢10~20秒，再換邊。

LULU 提醒妳

1. 雙腿要打直，避免只用一手來支撐身體的重量。
2. 頸部受傷者頭部可保持在正前方。
3. 頭部、頸部和脊椎應在同一平面上，胸口及骨盆應盡量往前打開。

Chapter 12

搶救第二腦 拒當小腹婆
SAY NO TO LOVE HANDLES

致命小腹婆　再好的身材也走樣！

- 搶救類型：胃凸型、下腹凸出型及水桶型。
- 目　　標：小腹平坦、改善胃凸。

腹部常常被稱為腹部腦，因為它是隱藏情緒的地方，當壓力大時，我們常會把腹部當作垃圾桶，無意識地塞進過多食物想要撐大自己的力量，事實上暴飲暴食和情緒不佳有著100%的關聯。

研究發現，腸子除了有消化吸收的功能以外，還有複雜的感知傳訊功能，所以有人把它稱為小型腦或是第二腦。

美國紐約哥倫比亞大學神經學家邁克爾認為：「那是由於我們的肚子裡有個大腦。」他認為每個人都有第二個大腦，它位於人體的肚子裡，負責「消化」食物、信息、外界刺激、聲音和顏色。

透過深入研究後，「腹腦」實際上是一個腸胃神經系統，擁有大約1,000億個神經細胞，與大腦細胞數量相等，它能夠像「大腦」一樣感受悲傷情緒。

研究發現，成長過程中經歷生離死別…等傷痛的人，長大後很容易罹患腸胃方面的疾病。

因此你回想看看，我們在生氣時是不是常常會感到胃部疼痛、腹部灼熱不適？

研究也發現，在患老年性癡呆症及帕金森氏病的病人中，常在頭部和腹部發現同樣的組織壞死現象，而當腦部中樞感覺到緊張或恐懼的壓力時，胃腸系統的反應則是痙攣和腹瀉。

減脂肪也要減情緒

腹腦也會生病，而且比頭腦的毛病還多！當腹部神經功能紊亂時，腹腦便會「發瘋」，導致人的消化功能失調、影響身心健康。

但是我們平日可以藉由精油和瑜珈來察覺自己的情緒問題，進而控制飲食，幫助自己身心健康的減重，減去脂肪，也減去不必要的壓力與情緒，讓身體找到正確的補給與出口，才不會讓腹部腦塞滿了脂肪與負面情緒。

而因為腹部肌肉比體內其他肌肉更易消退，因此也成為脂肪容易囤積的地方。

腹部脂肪過量囤積或凸出，有時候是因為病理原因，不只是肥胖所造成的。

因此，下腹部長期凸出或肥胖，千萬不能忽視！不過，如果是屬於脂肪型的小腹婆或大肚腩，運動是最好的改善方法。

腹部既然是我們人體的第二個腦，體內囤積過多老廢物質或負面情緒，容易造成腹部肥胖。訓練腹部肌肉可以改善健康及情緒，所以，跟著LULU老師一起當個健康快樂的小富婆、不要做小腹婆喔！

腹肌圖解

★腹斜肌：

分外斜肌及內斜肌，是腰腹動作的主要肌肉群。

★腹直肌：

位於腹部正中線的兩側，主要是穩定骨盆及脊椎位置。

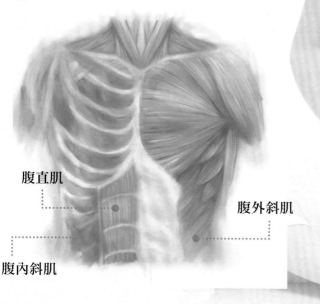

腹直肌

腹外斜肌

腹內斜肌

腹式呼吸搶救腹部腦

腹部功能複雜，與大腦直接連結，所以調理刺激腹腔，可以解決情緒緊張及焦慮而造成的腹部肥胖。

腹式呼吸不只可以訓練腹部肌力、緊實腹部，也可以調節自律神經系統、改善消化、排泄、創造腦內啡肽，讓人感到輕鬆，使大腦與腹部重新找回和諧，達到減重的效果。

BEAUTY

" 要訣

腹式呼吸法可保持平躺姿勢，閉上眼睛，一手放在下腹部，另一手放在胃部，全身肌肉放鬆，不刻意用力。

接著用鼻子吸氣，感覺氣體經過鼻子、喉嚨、胸腔，慢慢填滿腹部，直到腹部完全隆起，再用鼻子緩緩吐氣，直到腹部的氣體完全吐光，腹部自然下凹，再繼續吸氣，如此循環。

致命小腹婆

小腹婆可分為胃凸型、下腹凸出型及水桶型。這三種類型的肥胖是由不同原因造成的！

胃凸型的肥胖，是由於姿勢不良、食量過大，以及胃部消化功能不佳造成胃脹所引起的！

這類型的人因為長期把肋骨打開、把胃部往前頂，容易造成上腹肌肉鬆弛、胃部凸出的現象！

而過度飽食或情緒緊張而造成的消化不良，也是造成胃凸的原因之一，因為長期把胃部肌肉撐大之後，想要再瘦都很難。所以必須利用瑜珈運動來調整姿勢、訓練肌力，避免肋骨外開。

下腹凸出型的主要原因為內分泌失調、子宮和卵巢功能不佳及姿勢不良所造成！

這類型的人可以利用瑜珈動作來刺激腹部器官及穴位，加強新陳代謝、預防水腫。

水桶型肥胖則是屬於水腫型肥胖，容易因為氣虛寒造成代謝不佳、水分滯留在腹部不易排出！

藉由運動及按摩可以刺激腹部器官代謝，使水分排出，達到瘦身的效果。

坐姿直立式

主攻 胃凸型
難度 ★★

功效

適合瑜珈初學者練習，柔軟度及力氣不夠者可使用瑜珈繩或靠牆練習。
1. 駝背或姿勢不良者，可背靠牆練習，有矯正脊椎的效果。
2. 強化肋骨及上半身力氣，緊實上半身肌肉群，改善胃凸。
3. 加強背部及脊椎力量，矯正不良姿勢。

❷ 尾椎內捲，腹部內收上提，腹部與下背部為主要力量，保持15次呼吸。

❶ 臀部坐地，雙腳彎曲，軀幹保持向上直立。

LULU 提醒妳

1. 勿聳肩，將肩膀下沉，保持前胸與後背的放鬆。
2. 勿拱背，肋骨收，下腹內收上提，保持背部的延展。
3. 雙腿不彎曲也不外開，讓雙膝保持朝上並且伸直雙腿。

SAY NO TO LOVE HANDLES

功效

此動作屬於強力訓練腰腹臀動作，長期練習會有明顯緊實肌肉的效果，不過力氣不夠者，需小心練習，以免跌倒。
1. 緊實腹部肌肉、美化線條。
2. 加強大腿內側肌緊實度及下腹部力氣。
3. 刺激下腹器官，加強水分代謝。

船式曲膝

主攻下腹凸出型、
水桶型

難度 ★★★★★

❶ 臀部坐地，雙腿彎曲保持平行，背部向斜後延展。

☆**進階版**：雙手離地向前延展。

❷
吸氣，右腿離地彎曲，尾椎內捲，腹部內收，雙腿、軀幹向上延伸，保持5個呼吸，再換腳。

LULU 提醒妳

1. 勿含胸、拱背，應讓背部保持向上延展。
2. 應保持頸部的延展，讓下巴上提，眼看前方。
3. 肩膀不要緊張、應放鬆，讓腹部、背部與腿部自然伸展。

平板式

主攻胃凸型、水桶型

難度 ★★★

功效 此動作可加強全身的新陳代謝，適合手腳冰冷的水桶型，加強腹背的肌力，協調、延展腰腹線條。

❶ 貓式預備，右腳往後延展。

❷ 雙手向下伸直，穩定撐地，雙腿向後伸直、腳趾觸地、胸口開闊、眼看地面，以腹部與腰部為中心點，身體呈一直線，保持5個呼吸。

LULU 提醒妳

1. 肩膀勿拱起，應讓雙手推地，胸口上提。
2. 避免將重心放在腰部，造成折腰。盡可能將力量放在腹部及腰部。
3. 身體沒有塌陷或拱起，從頭頂到腳跟，應呈一斜直線。

<table>
<tr><td>功效</td><td>此動作可延展腹斜肌，穩定腰椎、美化線條，也可以活化脊椎、刺激下腹器官、加強水分代謝。
1.增加脊椎彈性，舒緩背部痠痛。
2.按摩腹部器官，改善胃脹氣、便秘。
3.強健消化系統。
4.消除腰部贅肉、美化身體線條。</td></tr>
</table>

坐姿 扭轉式

主攻 胃凸型、下腹凸出型

難度 ★★

貼心小秘方
可以於清晨喝一杯溫開水之後練習這個動作，對於排便有很大的功效喔！

❶ 雙腳自然盤腿，坐姿，雙手放在膝蓋上。

❷ 吸氣，腰部以上平行向右邊扭轉，右手撐住地板，保持5次呼吸，再換邊。

LULU 提醒妳

1.肩膀勿緊張，應放鬆，讓腹部、胸口與背部自然向後扭轉。
2.應從腹部開始扭轉，而非只有胸口向後轉。
3.兩邊臀部不離地，骻部也不要歪斜或提起。
4.孕婦不宜做此動作。
5.背部要挺直往上延伸後再做扭轉。

椅子式

主攻 水桶型、下腹凸出型

難度 ★★★

功效

1. 強力訓練腰腹肌群，適合久坐不動的上班族，避免脂肪累積。
2. 刺激強化腹部器官、加強代謝。

②

吐氣，雙腳膝蓋彎曲，上半身可微微往前傾（依個人自然脊椎曲線而定），讓脊椎可保持延展。

③

肋骨及尾骨往內微微收起，眼睛直視斜前方，保持呼吸，停留10~30秒。

①

雙腳站立，吸氣，雙手往兩旁張開，手肘往上伸直，手心朝內，手臂貼近雙耳。

LULU 提醒妳

1. 雙腿平均施力，避免重心歪斜。
2. 腹部保持往上延伸的力量，勿將上半身力量往下坐。
3. 勿將肋骨過度往外大開，造成折腰現象。

功效

1. 透過平衡，可以測試自己的腰腹力氣，適合喜愛挑戰的人。
2. 強化腹部肌群、背部及手臂力量與彈性。
3. 緊實腰腹肌肉、改善水桶腰。

脊椎平衡式

主攻 水桶型、
下腹凸出型

難度 ★★★

❶ 從貓式出發，右腳往後延伸、點地，背部延展收肋骨。

❷ 吸氣，右腳再往後延伸離地，肚臍內收
保持5~10次呼吸，再換邊。

LULU 提醒妳

1. 雙腿平均施力，避免重心歪斜。
2. 勿將肋骨過度往外大開，造成折腰現象。

Chapter 13

水蜜桃的祕密
SECRETS TO SEXY HIPS

性感翹臀　帶來好桃花、也代表女人的健康

■ 搶救類型：扁臀族及大屁屁。
■ 目　　　標：翹挺美臀、S曲線。

臀部，是掌管我們生殖系統、生育大計，以及具有穩定骨盆腔功用的一個重要部位，如果臀部線條不佳或者比較肥胖，代表你的生殖系統也出了問題。

最佳的改善方法就是加強臀部肌力、穩定骨盆及生殖系統，像很多扁臀族就是因為姿勢不良而造成骨盆後傾，導致臀部扁塌！

姿勢不良、臀型不優的人，長期下來骨盆的韌帶及關節也因為受到不良的牽制，進而影響到生殖系統。而所謂的大屁屁，也是因為長期缺乏臀大肌的訓練，造成骨盆前傾，使得臀部肌肉鬆軟、下垂、缺乏彈性，容易造成腰椎的傷害，健康也會受到影響。

愛美的女生們一定沒想到，臀部竟然可以對我們造成如此大的影響！

所以，我們更應該要好好照顧我們的臀部，讓它永遠都是俏挺又迷人的水蜜桃！這樣除了可以擁有性感迷人的曲線、對自己的健康更是重要喔。

蝗蟲式

主 攻 大屁屁
難 度 ★★★

功效 加強臀大肌及腰背的力量，避免臀部鬆軟、下垂。

❶ 身體俯臥在地，額頭貼地面，手心向內，雙腿併攏、往下伸直。

❷ 吸氣，用背部、腹部力量同時將上半身、雙手、雙腿往上抬起，上半身往前延伸，雙手手心面對身體，臀部微微夾緊，雙腿往後延伸。保持呼吸10~20秒。

LULU 提醒妳

1. 雙腿勿張開過多，以不超過骨盆寬度為準。
2. 雙腿勿彎曲，應伸直、延展。
3. 避免只用腰部上提，而造成折腰。請用腹部、背部及腿部力量向前後延展。

雕塑完美水蜜桃臀 瑜珈

橋式

主 攻扁臀族及下垂臀
難 度 ★★★

功效 加強骨盆穩定性、讓臀部緊實，加強下盤的血液循環，讓生殖系統更健康。

❶ 全身平躺於地，雙腿平行曲膝，雙手手心朝下置於身體兩旁。

❷ 臀部向上提起，至胸口與下巴相碰，肩膀內收。以背、腹部與大腿力量支撐，保持5個呼吸。

LULU 提醒妳

1. 腳板不外八、也不內八，讓雙腳保持平行，同時膝蓋不要超過腳趾頭。
2. 肩膀不離地，只有背部離開地面。
3. 頸部不左右晃動，應保持頸椎正常的延展。

雕塑完美水蜜桃臀 瑜珈

弓式

主攻扁臀族
難度 ★★★★★

功效 加強大腿及臀部連結的肌肉群，藉由地板刺激下腹器官、活化生殖系統。適合久坐的上班族及大腿肌力不足的扁臀族。

❶ 身體俯臥在地，額頭貼地面，雙腿併攏。雙腿後折，手臂往後抓到腳踝。

❷ 吸氣，用背部、腹部力量將上半身與雙腳提起，胸口往前擴張，雙手手肘伸直，腳踝往後施力，臀部微微夾緊，雙腿往上延伸。只有腹部貼在地板上，保持呼吸10~20秒。

LULU 提醒妳

1. 要收緊臀部及大腿肌肉。
2. 呼吸會較淺為正常，勿憋氣。
3. 雙手握住腳踝時要伸直。
4. 懷孕、背部受傷及正值生理期者，應避免練習此動作。

功效 不只是局部的提臀動作，也是全身性的瘦身運動，可以加強新陳代謝。特別適合長期待在冷氣房的上班族。
1. 讓雙腿、臀部、腹部、背部及手臂肌肉更強壯緊實。
2. 背部得到伸展，加強脊椎彈性與促進循環。
3. 伸展胸部、肩膀，舒緩疲勞現象。

斜面式

主 攻大屁屁
難 度 ★★★★★

❶ 雙腿併攏，指尖朝前，上半身微微往後傾斜，雙手手掌移至臀部後方，指尖朝臀部方向。

❷ 吸氣，雙手手掌用力撐地，臀部、背部往上提起。雙手手臂與地板垂直，雙腳併攏，腳板盡量貼在地板上，頭部自然往後垂下。收緊腹部、臀部及大腿肌肉，可幫助力量集中。保持呼吸，維持姿勢10~20秒。
吐氣，臀部坐回地面，背部慢慢收回，頭部最後提起來。雙腿曲膝，雙手往前抱住雙腳膝蓋，頸部自然往下放鬆。

LULU 提醒妳

1. 懷孕者，手腕、頸部及腰部受傷者，不建議做此動作。
2. 手掌要用力撐地，避免手肘彎曲。
3. 頭往後仰時，呼吸較淺為正常，但切勿憋氣。

噴泉墊腳式

主攻 下垂臀型
難度 ★★

功效 搶救臀部下垂而又沒時間運動的上班族，可以隨時隨地練習。

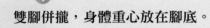

❶ 雙腳併攏，身體重心放在腳底。

❷ 吸氣，雙手合掌往上延伸。頭略略抬起，眼看上方，全身有向上延伸的感覺。

❸ 臀部夾緊內收 腳跟慢慢墊起。吸氣時墊起腳跟，吐氣時讓腳跟回地板，重複數次。

LULU 提醒妳

1.不要折腰，讓身體往上延展。
2.低血壓者可以視自己的身體狀況練習，千萬不要勉強。

雕塑完美水蜜桃臀 瑜珈

功效 緊實臀部肌肉、訓練大腿內側肌力、穩定骨盆,適合天天練習。

❶ 坐在地板上,雙腳彎曲與臀部同寬,雙手放在臀部後方與肩同寬,脊椎延伸、背部挺直,眼睛直視正前方。

❷ 吸氣,雙手撐地、雙腳推地,臀部往上抬。上半身平行於地板,與桌面一樣平坦,頭往後仰,保持5次呼吸。

LULU 提醒妳

1. 手腕受傷者可用瑜珈磚輔助,減少手腕承受的壓力。
2. 可用瑜珈繩套住雙腿,避免因腿部力量不夠,雙腿膝蓋外翻,造成腳踝過大的壓力。
3. 低血壓者,頭避免後仰過度,造成暈眩。

Chapter 14

請叫我美腿女王!

TO BE THE MISS BEAUTIFUL LEGS

勻稱、結實、線條漂亮的腿,是美女正妹們的必備武器。

- ■ 搶 救 類 型 : 肌肉型、西洋梨型及肥肉型。
- ■ 目　　　標 : 性感美腿、纖細修長

擁有一雙勻稱、修長、沒有多餘贅肉的美腿，是所有女生共同的心願和渴望！但是，要當個〝美腿女王〞可不是件簡單的事！因為我們常常會由於久站、或是長時間穿著高跟鞋，而導致氣血循環不良，進而造成腿部肥胖、浮腫、線條不美！

還有，錯誤及不當的運動方式，也會使大腿線條變得不好看。

所以，生活中有那麼多需要注意的地方，愛美的女生們如果想要擁有一雙人人稱羨的美腿，就千萬不能不注意去避免喔！

大腿線條不漂亮的類型，大約可以分成3大類：肌肉型、西洋梨型及肥肉型。

肌肉型的大腿肥胖，多半是因為不當的重量訓練所造成的！

而大腿外側的肥胖，則以西洋梨型較為常見。

大腿內側的肥胖，則通常是肥肉型的居多。

大腿的股四頭肌是最難瘦下來的部分，而要讓大腿線條美麗、結實，除了可以藉由瑜珈動作來延展、延伸大腿外側及後側的肌肉群之外，還可以藉由按摩穴道來代謝大腿外側的水分及脂肪、美化腿部線條！

勇士 II

主攻 肥肉型
難度 ★★★

功效 燃燒下盤及大腿脂肪。

❶ 雙腿張開寬度約為一隻腿長的距離，右腳板張開90度，左腳板內扣45度，骨盆朝向前方。

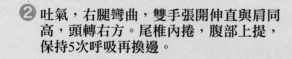

❷ 吐氣，右腿彎曲，雙手張開伸直與肩同高，頭轉右方。尾椎內捲，腹部上提，保持5次呼吸再換邊。

LULU 提醒妳

1. 彎曲腿的膝蓋勿內扣，這樣會使踝關節與膝關節受損。
2. 避免後腿彎曲，同時讓後腿腳跟踩地，而非刻意下壓膝蓋。
3. 肩膀勿緊繃，保持肩膀的平穩，讓手臂向前後延伸。

美腿女王瑜珈

英雄式

主攻 西洋梨型
難度 ★★★

功效 延展股四頭肌、美化大腿線條。

❶ 屈膝跪坐，小腿緊貼大腿外側，雙手往上延伸。

❷ 尾椎內捲，腹部內收，胸擴，保持呼吸。

LULU 提醒妳

1. 腳背貼地面會感覺疼痛時，可拿捲起的毛巾墊於腳背下。

2. 大腿前側肌肉較緊者，可在臀部下墊磚，甚至在大腿與小腿中間墊一毛毯。

3. 下背部離地面距離過大或是肩膀較緊繃者，可於臀部下方放一個長枕或毛毯。

椅子式

主攻 肥肉型
難度 ★★

功效 穩定下盤力量、燃燒大腿脂肪。

❷ 吐氣屈膝,上背往前延伸,雙手越過頭頂向上伸直,尾椎內捲。

❶ 雙腿平行站立與骨盆同寬。

LULU 提醒妳

1. 避免刻意翹臀或將肋骨向前推,而使腰椎負擔過重,下背部應保持平直延伸。
2. 膝蓋保持彈性而非卡死。
3. 重心應在全腳掌,身體避免過於前傾或後傾。

功效 延展大腿後側肌肉群、美化線條。

站立前彎式

主攻 肥肉型
難度 ★★★★

❶ 雙腿伸直站立與骨盆同寬，吐氣，軀幹直立前彎。

❷ 腹部盡量貼近大腿，腹部內收，軀幹向下延伸，保持5次呼吸。

LULU 提醒妳

1. 初學者柔軟度不足時，可利用瑜珈磚輔助或者是彎曲雙腿，以達到上半身放鬆的功效。

2. 下彎時，要盡量將腹部貼緊大腿，以避免產生背部拱起，導致背部肌肉緊張，嚴重者會引起背部疼痛。

三角前彎式

主攻 肌肉型
難度 ★★★★

功效 延展大腿後側肌肉群、美化線條。

② 吸氣，身體往前延伸，運用背部及腰部的力氣往上回正。

① 雙腿往旁打開(約自己的腿長寬度)，膝蓋伸直，雙手扠腰、吐氣，上半身往前延伸，雙手撐地保持呼吸。

LULU 提醒妳

1. 初學者可用雙手撐住磚頭或書本。
2. 低血壓者此動作勿停留過久。
3. 雙腿膝蓋應伸直，腳板勿往外打開，造成腳踝過大壓力。背應打直，肩胛骨放鬆，頭頂輕易碰到地板者，可將雙腿距離略略縮短。

金字塔式

主攻 肌肉型
難度 ★★★

功效 緊實腿部肌肉、加強下盤血液循環。

❶ 貓式預備，吐氣，膝蓋離開地板，先讓膝蓋保持一點彎曲，後腳跟離地，延伸妳的小背(尾骨到腰之間)，坐骨往天花板延伸雙腳保持平行。

❷ 吐氣，雙腳大腿往後推，後腳跟放到地上、伸直膝蓋，拉長腿部肌肉而不是用力頂住膝蓋，兩腳保持平行，所以大腿肌肉會有點往內延伸。

❸ 手臂往前延伸帶動腰部以上的背部肌肉，延展頭部、頸部、手臂、肩膀及背部，坐骨往天花板延伸，使上半身保持一直線，停留、重複10次呼吸。

LULU 提醒妳

1. 孕婦不宜。
2. 有高血壓及頭痛症狀的人，必須使用瑜珈磚或瑜珈枕支撐頭部。

搶救難看蘿蔔腿！
REDUCE CALF HYPERTROPHY

高蘿蔔 V.S. 低蘿蔔　　原來小象腿是這樣養出來的！

- 搶救類型：高蘿蔔與低蘿蔔。
- 目　　標：完美線條、消除水腫。

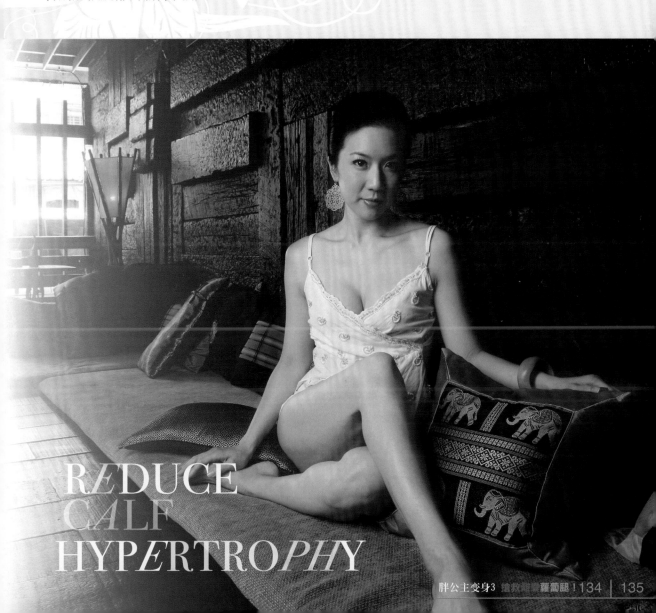

我們常聽人說蘿蔔腿、蘿蔔腿的！女生最怕自己小腿肌肉過於發達、長出蘿蔔來！其實，很多人都不知道，蘿蔔腿還分成『高蘿蔔』和『低蘿蔔』2種呢！

高蘿蔔是由於腓腸肌太過於發達，因此穿高跟鞋時會出現很明顯的蘿蔔，甚至不穿高跟鞋時也會感覺蘿蔔好硬、好大。

而低蘿蔔則是比目魚肌比較發達，整個小腿都會顯得比較粗壯。

特別是接近腳踝的位置，有時候會連帶有水腫的現象產生。所以會讓整隻小腿看起來都腫腫胖胖的。

要消除討厭的蘿蔔腿，按摩手法很重要！

高蘿蔔是肌肉型，因此重點是要盡量伸展腓腸肌；而低蘿蔔多半是屬於浮腫型，所以要特別加強腿部的新陳代謝！

REDUCE
CALF
HYPERTROPHY

蘿蔔腿剋星瑜珈

貓式伸展

主攻 高蘿蔔
難度 ★★

功效 延展小腿腓腸肌、消除肌肉型蘿蔔腿。

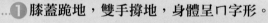

❶ 膝蓋跪地，雙手撐地，身體呈ㄇ字形。

❷ 單腿向後伸展，腳趾頭撐地，吐氣，後腳跟往後靠近地板拉長小腿肌肉，5次之後再換邊，可重複多次。

LULU 提醒妳

1. 手掌與膝蓋距離應為身體的長度，使脊椎能在最輕鬆的狀態下活動。
2. 手肘關節需保持穩定與彈性，關節較鬆者需特別注意，勿卡死手肘處。
3. 勿將上半身力量往下壓，應將肩膀向後推開，讓胸口向上提起。

蘿蔔腿剋星瑜珈

坐姿前彎

主攻 高蘿蔔
難度 ★★★

功效 美化雙腿線條、舒緩坐骨神經疼痛。

❶ 臀部坐地，雙腿向前伸直，背部往上延伸，
雙手撐地。

❷ 身體往前延展，腹部內收，背部向斜上方延伸，
雙腳腳板後勾，雙手抓住腳尖，保持5次呼吸。

LULU 提醒妳

1. 初學者可使用瑜珈繩輔助。
2. 勿含胸拱背，應讓背部保持向前伸直，以利脊椎的延展。
3. 膝蓋勿外翻或內扣，讓雙膝保持朝上，以維持關節的穩定。

金字塔式

主攻 高蘿蔔

難度 ★★★

功效 延展小腿腓腸肌及比目魚肌，拉長腿部肌肉線條。

❶
貓式預備，吐氣，膝蓋離開地板，先讓膝蓋保持一點彎曲，後腳跟離地，延伸妳的小背(尾骨到腰之間)，坐骨往天花板延伸雙腳保持平行。

❷
吐氣，雙腳大腿往後推，後腳跟放到地上、伸直膝蓋，拉長腿部肌肉而不是用力頂住膝蓋，兩腳保持平行，所以大腿肌肉會有點往內延伸。

❸
手臂往前延伸帶動腰部以上的背部肌肉，延展頭部、頸部、手臂、肩膀及背部，坐骨往天花板延伸，使上半身保持一直線，停留、重複10次呼吸。

LULU 提醒妳

1. 孕婦不宜。
2. 有高血壓及頭痛症狀的人，必須使用瑜珈磚或瑜珈枕支撐頭部。

蘿蔔腿剋星瑜珈

功效 消除腿部浮腫及贅肉。

❶ 雙腿張開寬度約為一隻腿長的距離，
右腳板張開90度，左腳板內扣45度，
骨盆朝向右方，雙手扠腰。

❷ 吐氣，右腿彎曲，雙手越過頭頂向上
伸直，眼看上方，尾椎內捲，腹部上
提，保持5次呼吸，換邊。

LULU 提醒妳

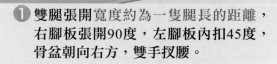

1. 彎曲腿的膝蓋勿內扣，否則會使踝關節與膝關節受損。
2. 避免後腿彎曲，同時讓後腿腳跟踩地，而非刻意下壓膝蓋。
3. 避免翹臀以及肋骨向前推，應讓腹部與下背部延伸，保持脊椎自然的曲線。

蘿蔔腿剋星瑜珈

三角前彎式

主攻 低蘿蔔
難度 ★★★★

功效 延展小腿肌肉群，美化臀部、大腿、與小腿間的肌肉線條。

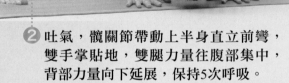

❷ 吐氣，髖關節帶動上半身直立前彎，雙手掌貼地，雙腿力量往腹部集中，背部力量向下延展，保持5次呼吸。

❶ 雙腿張開寬度約為一隻腿長的距離，左右腳板內扣約10度。

LULU 提醒妳

1. 勿含胸及拱背，應盡可能保持背部延展。
2. 避免膝蓋內扣，膝蓋應與大姆指同方向。
3. 關節較鬆者，也應避免刻意下壓膝蓋。膝蓋會疼痛時，可微彎膝蓋，以保持膝蓋的彈性與穩定。

蘿蔔腿剋星瑜珈

功效 延展股四頭肌、美化大腿線條、消除下肢浮腫，放鬆小腿肌肉群。

❶ 屈膝跪坐，小腿外開緊貼大腿外側，雙手往上延伸。

❷ 尾椎內收，腹部內收，胸擴，保持呼吸。

LULU 提醒妳

1. 腳背貼地面會感覺疼痛時，可拿捲起的毛巾墊於腳背下。

2. 大腿前側肌肉較緊者，可在臀部下墊磚，甚至在大腿與小腿中間墊一毛毯。

3. 下背部離地面距離過大或是肩膀較緊繃者，可於臀部下方放一個長枕或毛毯。

SEXY HEELS LIKE IN "SEX AND THE CITY"

複製慾望城市的性感足下風情!

美麗的足踝,讓妳穿不穿鞋都性感

■ 搶 救 類 型:腳部水腫、足踝粗大。
■ 目　　　標:纖細自然的雙腳,適合穿上各式涼鞋和高跟鞋。

腳踝是我們穿高跟鞋時很重要的一個關節處,因為我們的雙腳都要靠它才能夠靈活動作,例如踮起腳跟。

很多模特兒是穿上了高跟鞋之後,腳踝的線條才會變得很美麗,也連帶使得小腿看起來修長又筆直。

而要能輕鬆自在的穿上高跟鞋、展現女人的性感,必須加強訓練腳掌的抓地力!所以在這個篇章裡,我所教妳們的每一個瑜珈動作,主要都是在訓練腳掌的抓地力、延長比目魚肌和腓腸肌!學會了這些動作,以後妳穿高跟鞋的時候,就可以讓妳的腳踝展現最美麗、優雅的一面。

而要讓腳踝漂亮的秘訣,得注意以下3個重點:

❶ 有穿高跟鞋習慣的女生,一個星期最多只能穿5天,固定空出2天讓腳踝休息、讓小腿肌肉放鬆。

❷ 盡量在睡前把腳抬高,加強腿部的血液循環,腳踝比較不會有浮腫的現象。因為腳是身體的末梢,是循環較差、比較容易浮腫的部位。

❸ 不要吃過鹹的食物,造成腎臟的負擔,以免四肢浮腫。

阿美足小姐有兩個主要的肌肉群在控管：比目魚肌和腓腸肌。

比目魚肌位於腓腸肌的最深層，它是膝蓋彎曲的時候會用到的肌肉群，當我們要踮著腳走路(例如穿高跟鞋)時，比目魚肌也是很重要的肌肉群。所以當我們要讓腳踝比較漂亮時，這兩個肌肉群的延展和緊實是很重要的。

這兩個肌肉群的訓練模式，是要讓它們更加緊實，腳踝才會變得比較漂亮。很多女生因為缺乏運動，小腿肌肉比較鬆弛，這樣的現象到了年紀比較大的時候，就會容易有水腫！

或是當新陳代謝比較不佳的時候，肌肉也容易下垂，這樣都會使得足部的肌肉變得粗大、難看！因此我們一定要常做延展、活動腳踝的動作，來訓練這兩個肌肉群、訓練腳掌的肌肉，加強抓地力。

肌肉圖解說

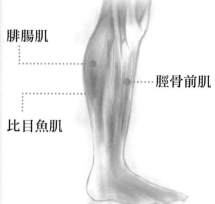

腓腸肌

脛骨前肌

比目魚肌

性感足踝 瑜珈練習式

功效	1. 穩定足部力量，預防扭傷。 2. 加強腳趾力氣、訓練腳掌肌肉群，預防因穿高跟鞋使力不當而造成的肌肉變形。

半蹲式

主攻 水腫型
難度 ★★★

❶ 半跪坐姿，雙手合掌胸前。

❷ 吸氣，膝蓋離地併攏，保持呼吸10~15秒。

LULU 提醒妳

背部要伸直、不折腰。

胖公主變身3 複製慾望城市的性感足下風情！144 | 145

腳踝延展式

主攻 肌肉及浮腫型
難度 ★★★

功效 延展小腿肌肉線條、美化腳踝。

❶ 平躺於地板上,雙腳往天花板延展、伸直。

LULU 提醒妳

1. 膝蓋一定要確實伸直。
2. 肩膀不緊繃、要貼地。

❷ 腳板往回勾,延展小腿肚與腳踝,來回練習5~10次。

性感足踝 瑜珈練習式

英雄式

主攻 下肢浮腫型
難度 ★★★

功效 促進下肢及腳踝血液循環、美化線條。

① 屈膝跪坐，小腿外開緊貼大腿外側，身軀平躺於地，雙手向後方伸直。

② 尾椎內收，大腿延伸，腹部內收，胸擴，保持呼吸。

LULU 提醒妳

1. 腳背貼地面會感覺疼痛時，可拿捲起的毛巾墊於腳背下。

2. 大腿前側肌肉較緊者，可在臀部下墊磚，甚至在大腿與小腿中間墊一毛毯。

3. 下背部離地面距離過大或是肩膀較緊繃者，可於臀部下方放一個長枕或毛毯。

金字塔式

主攻 肌肉型粗腳踝
難度 ★★★

功效 延展小腿比目魚肌、美化腳踝線條。

❶

貓式預備,吐氣,膝蓋離開地板,先讓膝蓋保持一點彎曲,後腳跟離地,延伸妳的小背(尾骨到腰之間),坐骨往天花板延伸雙腳保持平行。

❷

吐氣,雙腳大腿往後推,後腳跟放到地上、伸直膝蓋,拉長腿部肌肉而不是用力頂住膝蓋,兩腳保持平行,所以大腿肌肉會有點往內延伸。

❸

手臂往前延伸帶動腰部以上的背部肌肉,延展頭部、頸部、手臂、肩膀及背部,坐骨往天花板延伸,使上半身保持一直線,停留、重複10次呼吸。

LULU 提醒妳

1.孕婦不宜。
2.有高血壓及頭痛症狀的人,必須使用瑜珈磚或瑜珈枕支撐頭部。
3.柔軟度不佳者可以彎曲膝蓋。

坐姿前彎

主攻 肌肉型粗腳踝
難度 ★★★

功效 美化雙腿線條、舒緩坐骨神經疼痛。

❶ 臀部坐地，雙腿向前伸直，背部往上延伸，雙手撐地。

❷ 身體往前延展，腹部內收，背部向斜上方延伸，雙腳腳板前勾，雙手抓住腳尖，保持5次呼吸。

LULU提醒妳

1. 初學者可使用瑜珈繩輔助。
2. 勿含胸拱背，應讓背部保持向前伸直，以利脊椎的延展。
3. 膝蓋勿外翻或內扣，讓雙膝保持朝上，以維持關節的穩定。

坐姿 直立式

主攻 肌肉型粗腳踝
難度 ★★

功效 延展小腿及腳踝肌肉群、美化線條。

① 坐於地上，雙腿伸直腳板勾起，身軀保持向上直立，身體與大腿呈90度直角。

② 尾椎內收，腹部內收上提，腹部與下背部為主要使力點，保持15次呼吸。

LULU 提醒妳

1. 勿聳肩、讓肩膀下沉，保持前胸與後背的放鬆。
2. 拱背，肋骨收，下腹部內收上提，保持背部的延展。
3. 雙腿不彎曲也不外開，讓雙膝保持朝上並且伸直雙腿。

From Round Muscle to Long Muscle & Prevent Stretch Marks

chapter 19

俏媽咪產後瘦身、調養
瑜珈全攻略

QUEEN OF SLIM YOGA:
HOW TO KEEP SHAPE &
HEALTH AFTER BIRTH

我們的身體在生產完之後，會有兩個比較大的變化：

❶ 骨盆底肌肉鬆弛。

骨盆底肌肉是支撐膀胱、子宮及腸子的內部器官。盆底肌肉在生產過程中，承受了胎兒的體重而被撐開，如果產後我們沒有加強盆底肌肉的收縮力量，即很容易造成內部器官脫垂！在打噴嚏、咳嗽或是身體在緊張時，都可能出現尿失禁的現象。

❷ 腹直肌分離。

腹直肌是由我們的胸骨延展到恥骨、直立的兩條肌肉。

在懷孕時，為了讓胎兒有足夠的空間，兩側的腹直肌會向外分開，這就是所謂的腹直肌分離。產後發生在腹部的鬆弛現象，主要就是因為腹直肌分離。通常產後一、二天內就會發現自己的腹部特別無力、並且鬆弛。

產後瑜珈主要就是在訓練這兩邊的肌肉，包括腹部、腹直肌、腹斜肌和骨盆底肌肉。

如果有餵哺母乳的媽媽，要注意先哺乳完再做瑜珈。因為在運動時，乳汁會變為酸性，嬰兒會不想吸吮乳汁。練習瑜珈時，還要記得放置哺乳墊，以免造成母乳溢乳現象，並且記得穿運動內衣來支撐胸部。

生產完，我們腰椎、背脊、關節及韌帶都會變得比較緊繃，因此產後瑜珈主要在放鬆背部肌肉及髖關節韌帶。

產後瘦身絕不能急！由於懷孕期間，身體經過9個多月漸進的變化，所以瘦身真的不能急。慢慢給自己時間調整、康復。尤其是如果還在哺乳階段卻急著瘦身，反而會造成身體更大的負擔！

產後6個月內是黃金瘦身時間！可以計畫一下，利用6個月的時間慢慢瘦身，不要急於一時（新陳代謝比較快的人黃金瘦身時間是產後3個月內）。6個月內都是我們可以好好把握的黃金瘦身時間，有努力就有機會瘦下來，千萬不要輕易舉白旗喔！

產後瘦身瑜珈要注意的地方是：自然產的話，會建議1個月之後再來上瑜珈課。剖腹產的人，2個月之後可以來上瑜珈課。

之後妳如果自己在家裡練瑜珈，剛開始可以從每天10分鐘開始，不要太久。這些瑜珈動作可以幫助瘦身，也可以幫助骨盆底肌肉收縮，這時候妳身體的鬆弛激素（relaxin）也是催產激素，為了要讓我們的身體可以順產，所以會讓我們的骨骼變得比較鬆弛。在生產完之後2個月我們體內還是會有催產激素存在，這2個月的運動還是要比較小心一點。當妳在練習的時候，我們會比較著重在下盤跟骨盆底肌肉的練習，避免太多的站姿，著重在核心肌群的收縮，主要是著重在下半身。

腹式呼吸對產後媽媽很重要！

為什麼剖腹產必須要等2個月？

因為剖腹產有傷口，開刀後恢復要比較久一點。醫術好的話，妳的腹肌是不會受到影響的；而如果沒弄好，有時候腹部的組織會受到破壞，造成腹部肌肉比較沒有感覺，我們可以用腹式呼吸來幫助妳先找回腹部的收縮，然後妳可以用比較簡單的按摩手法加強腹部收縮，例如順時針按摩法。腹式呼吸和順時針按摩法都是可以幫助肌肉找回神經感覺和彈性的好方法。

產後瑜珈是一種比較輕鬆、不會讓身體有太大的負荷、又能夠持久訓練肌肉的運動。由於我們的韌帶、結締組織及關節受到荷爾蒙的影響，仍然很脆弱，不適合做太劇烈的動作，瑜珈這種溫和的運動再適合不過了。至於該從什麼時候開始練習瑜珈，完全要視自己的身體狀況來決定，並不是LULU老師說前3週就非得要在前3週做，在生產完的5至6週後開始做也可以。

產後的媽媽隨時保持腹式呼吸也是很重要的！無論是在照顧嬰兒、日常生活或是工作時，盡可能隨時隨地練習使用腹式呼吸法，以幫助腹部肌肉收縮。

胸部也要預防妊娠紋！
Up Your Breasts & Prevent Stretch Marks

　　另外，有許多媽媽選擇餵哺母乳，除了藉由食物的吸收增加乳汁的分泌之外，也可以運用幾個特定的瑜珈動作來促進乳汁的分泌、保持乳腺通暢。

　　產後胸部的瑜珈運動，主要是在訓練韌帶對胸部的支撐。因為胸部本身無法被訓練，而韌帶在妊娠期和哺乳期都還是處於比較鬆弛的階段，所以要讓韌帶及胸部的肌肉結實，胸部就不容易下垂。胸部的瑜珈必需持續不斷的做，才會達到預期的效果。

胸部的保養

　　懷孕期間由於荷爾蒙的作用，乳房會逐漸腫脹、增大，這是要為哺乳作準備，以便產後能夠分泌充足的乳汁。

　　乳房在懷孕的過程中，很容易因皮下組織快速的被撐開而產生妊

娠紋。如果在懷孕期間沒有做好胸部的保養，胸部很容易因此而鬆弛或下垂、再加上妊娠紋，此時才想要回復到生產前美麗的胸型，可說是難上加難。

我們都知道：預防勝於治療。所以從懷孕期間開始，就要勤於保養胸部。

想要避免胸部產生妊娠紋，建議可以使用甜杏仁油或是溫和的身體乳液來按摩、保養胸部，增加皮膚彈性、緊實表皮肌膚。

甜杏仁油天然、溫和，容易被人體吸收，而且可以食用，所以，即使哺乳時被寶寶吸收，也不會對寶寶有不好的影響。

產後瑜珈3階段

坐月子、第2個月、產後第3個月之後
Slim Yoga After Birth By Three Stages

生產後常常會有一個現象，就是體重已經回復到正常的範圍了，但是身體的結締組織還是處於充分擴張的狀態。這是因為在我們懷孕期間，身體中儲存了大量的水份，再加上受到荷爾蒙的影響，肌肉和結締組織變軟，很容易造成蜂窩組織、橘皮、鬆弛的現象。而常做瑜珈可以改善這些狀況，再加上一些簡單的按摩來促使身體裡多餘的水分排出體外。

產後瑜珈還有一個很大的好處，就是可以抑制產後憂鬱！

有些媽媽在產後受到荷爾蒙的影響，會有憂鬱症或缺乏自信的狀態出現，透過簡單的產後瑜珈運動，可幫助媽媽調整憂悶的心情和身體狀況，精神也會比較好。瑜珈是在家就能做的運動，可以改善許多身體和心靈的不適，如果再配合練習腹式呼吸來調整呼吸的節奏，便能夠避免新手媽媽總是過於緊張的精神狀態，而適度的放鬆。

產後所有的動作都要注意要慢一點，不需要太快，因為產後最主要首重恢復，因此產後的瘦身瑜珈在2個月之後再慢慢調整成比較強的動作。

下面要介紹給媽咪們的產後瘦身瑜珈，LULU老師特別推薦盡量集中在產後的頭6個月內多做這些瑜珈。

產後的頭6個月之內，媽咪們都必須要特別注意保養、瘦身，以及加強骨盆肌肉。而過了前6個月之後，則是所有的瑜珈動作都可以做了。

第一階段：坐月子期間

Queen Says 01

平躺抱球式  調養專攻 舒緩下背部不適。

懷孕容易造成長期骨盆腔和下腹部壓迫，下背部很容易痠痛，加上懷孕時很少有機會可以往前彎，因此在坐月子期間做平躺抱球式會覺得非常舒服，因為背部可以得到完全的舒展。

抱球式，雙腳彎曲，雙手抱膝，膝蓋靠近胸口。

做這個動作很舒服，可以延展下背肌肉、放鬆髖關節，保持呼吸，當做是休息的動作。因為懷孕期間髖關節受到很大的壓迫，做這動作目的在舒緩不適。

〔俏媽咪跟著我做〕 **Please follow me !**

● 平躺在地板上，記得放一塊比較軟的墊子。雙腳彎曲，頭靠近膝蓋，雙手抱住膝蓋讓自己像一顆球一樣，每次保持5～10秒鐘、保持呼吸、再放鬆。做的次數可以依自己的體力而定。

02 單腳抱膝式 調養專攻 〉延展背部及下背肌肉，也可以延展股四頭肌及髖關節。

懷孕期間髖關節受到很大的壓迫，髖關節在做這個動作時可以因為腳的彎曲而得到放鬆和伸展。

這個動作產後1個月就可以練習了，除了可以舒緩下背，還能幫助大腿後側肌肉延展及整個腿部肌肉的延展，可以讓腿部線條慢慢回復。

尤其是產後的媽媽，很久沒有做過抱膝蓋、讓膝蓋碰到胸口的動作，做這個動作很舒服，可以伸展到懷孕期間沒有辦法伸展到的所有肌肉群。

〔俏媽咪跟著我做〕
Please follow me !

● 躺在地板上，一樣要放軟墊，單腳彎曲，膝蓋靠近胸口，雙手抱住膝蓋，吸氣。吐氣的時候，額頭靠近膝蓋，跟吸氣時一樣停留5秒鐘、放鬆，再換另一隻腳。

03 完全休息式 調養專攻 〉完全放鬆與恢復。

這是一個可以讓媽咪完全放鬆的動作，趁機調養休息一下產後疲累的身軀，下背部痠痛也可以做。

這個動作目的在放鬆全身的肌肉。產後媽咪因為要照顧baby，壓力很大或者容易睡眠品質不好，完全休息式是藉由呼吸完全放鬆身體的肌肉，讓媽咪能改善身體壓力，所以在每次吸氣、吐氣的同時，要想像自己的身體好像是奶油一般，完全的融化在地板上。這個招式比單純的睡眠更能養精蓄銳，因為妳是在有意識的狀態下放鬆自己的身體，自律神經也可以得到完全的平衡。

〔俏媽咪跟著我做〕
Please follow me !

● 全身平躺在地板上，膝蓋下方放置一個軟墊，身體完全放鬆，手放在身體旁邊，手往外打開、手心朝上，背部整個平貼在地板上。放鬆、眼睛閉起來、深呼吸，然後再吐氣。肩胛骨放鬆、保持呼吸，時間長度可以自己控制。

Queen Says *04* 腹式呼吸法 [調養專攻] ）加強腹肌收縮、緊實。

　　產後腹部比較鬆弛，因為那時候子宮還沒有收縮得很完全，腹式呼吸正好可以幫助我們在吸氣、吐氣之間緊實下腹部肌肉群、緊實內臟的肌肉，藉由吸與吐來刺激子宮及卵巢，加速子宮的收縮，讓腹部肌肉慢慢緊實、改善鬆垮。

　　在產後做腹式呼吸會比較舒服，因為產後妳會發現腹部裡面整個器官都變得很空、都移位了！而腹式呼吸可以間接刺激、按摩腹部，也可以幫助自律神經平衡、放鬆。

〔俏媽咪跟著我做〕　**Please follow me !**

a 坐姿 ｜ 坐地，雙腿彎曲呈蝴蝶式（尾椎下方可放置枕頭），背部拉長，雙手輕放在下腹部，閉上眼睛，全身肌肉放鬆（不刻意用力），用鼻子吸氣，感覺氣體經由鼻子、喉嚨、胸腔慢慢填滿腹部，直到腹部完全隆起，再用鼻子緩緩吐氣，將腹部的氣體吐完為止，腹部自然下凹，再重覆以上動作。

b 平躺 ｜ 產後肚皮還是很鬆弛的狀態，平躺的時候，記得臀部下面要放軟墊，膝蓋保持彎曲，身體保持放鬆，手可以放在腹部上面。腹式呼吸隨時隨地都可以做，常常做你會覺得身體比較有能量、精神也會比較好。

第二階段：第2個月(月子期過後)可做的運動

Queen Says *01*
貓式呼吸　調養專攻）放鬆、延展下背部、穩定神經。

貓式呼吸為什麼要第2個月才可以做？

　　因為懷孕的時候會產生一種鬆弛激素（relaxin），讓骨盆腔打開，所以身體的關節在那個時候韌帶會比較鬆。鬆弛激素在產後2個月才會從身體中慢慢退掉，產後的2個月中，身體多多少少還有一些鬆弛激素的存在。1個月之內我們先做腹式呼吸，讓妳的腹部緊實、背部肌肉放鬆、延展，而第2個月開始可以做貓式呼吸，是因為它會有很多要用到手腕的力氣、手肘要撐地的力量，如果鬆弛激素沒有完全從體內排除，會比較容易受傷，所以強烈建議產後第2個月之後再做比較安全。

　　做貓式呼吸對產後媽咪而言非常舒服，因為背部可以得到完全的伸展，也可以配合呼吸穩定妳的自律神經。

〔俏媽咪跟著我做〕　**Please follow me！**

● 四足跪姿，吐氣時整個背部拱起來，肚子內收、下巴靠近鎖骨；吸氣的時候從尾椎一節一節的往前延伸到頭頂、背部拉長。

● 這個動作在緊實腹部肌肉群、舒緩背部、延展脊椎，尤其是針對下背部的疼痛。

● 產後的媽咪要抱小baby，或是生活上很勞累，這個動作很適合用來改善身體上的疲累。

02 盤腿呼吸法 〔調養專攻〕改善產後憂鬱、沉澱思緒、消除下肢浮腫。

產後靜坐很重要，因為妳要照顧寶寶、有很多事要處理，有時候還會有產後憂鬱症，而靜坐可以讓思緒緩慢下來、靜靜的觀察自己，讓自己再次沈澱、再次出發。

盤腿對於消除雙腳的浮腫很有幫助，有些媽咪產後浮腫還沒有完全褪去，可以藉由這個方法，加強下肢的血液循環。

盤腿靜坐可以完全依照自己的時間、速度，即使只是短短的1、2分鐘空檔都可以好好運用，是很好的閉目養神的方法。

〔俏媽咪跟著我做〕 **Please follow me !**

● 自然盤腿（背部可以靠牆），雙手放在膝蓋上、手肘彎曲，肩膀放鬆，背部挺直，眼睛閉上，用鼻子吸氣、吐氣，吸氣時感覺有無限的養分要吸進身體裡，吐氣時感覺身體像奶油一樣完全融化掉，此時可以把意志力完全放在呼吸上，全身肌肉放鬆，保持腹部的呼吸（用腹式呼吸）。

QUEEN OF
SLIM YOGA:
HOW TO KEEP
SHAPE & HEALTH
AFTER BIRTH

蝴蝶式 調養專攻 ）提肛縮陰、改善漏尿。

　　這個動作最重要的是緊實骨盆底肌肉，有幾個點必須要特別注意。

　　產後骨盆底肌肉是完全鬆弛的，必須要有意識的去運動到它，所以要有提肛縮陰的感覺，吸吐之間膝蓋上提同時用到內側肌及髖關節，緊實到內側肌肉及骨盆底肌肉，這個動作對於產後的媽媽非常重要，因為產後可能會有尿失禁或打噴嚏時漏尿的情況，整個人的氣會比較往下沉，這是由於骨盆底肌肉不夠緊實，所以每天都要練習蝴蝶式來改善上述的問題。

　　示範1可以放鬆髖關節的肌肉群；示範2可以訓練骨盆底的肌肉。

〔俏媽咪跟著我做〕　**Please follow me !**

1. 坐在地板上，雙腳腳掌互相輕靠，雙手抓著腳尖，背部挺直，可以貼著牆壁，膝蓋上下輕輕拍打10～20次。

2. 吸氣的時候，提肛縮陰，將骨盆底肌肉往上提，吐氣放鬆、再吸氣，雙腳膝蓋往上提，提肛縮陰、吐氣放鬆。

3個月之後鬆弛激素已經比較退去了，這些動作其實是在訓練腹部、臀部、背部肌肉群。因為孕婦產後這些肌肉群是很弱的，要稍微訓練一下。

Queen Says 01　平桌式　調養專攻　）大屁屁。

緊實臀部肌肉、訓練大腿內側肌力、穩定骨盆，適合天天練習。

〔俏媽咪跟著我做〕　**Please follow me！**

1. 坐在地板上，雙腳彎曲與臀部同寬，雙手放在臀部後方與肩同寬，脊椎延伸、背部挺直，眼睛直視正前方。

2. 吸氣，雙手撐地、雙腳推地，臀部往上抬。上半身平行於地板，與桌面一樣平坦，頭往後揚起，保持5次呼吸。

簡易仰臥起坐 〔調養專攻〕〕緊實腹部、幫助回復曲線。

　　這個動作算是產後簡易的仰臥起坐。產後的媽咪肚皮很鬆，所以要做仰臥起坐來緊實下腹部的肌肉群，如果不趕快讓它緊實的話，腹直肌就不會得到完全的收縮，腹部的肌肉就會鬆垮垮的。

　　產後的媽咪切記：不要讓自己的身體太往上提起來！因為要收縮的是下腹部的肌肉群，不需要做太多上半身支撐不住的動作，手部的延伸特別重要，手要不斷的往前延展。

〔俏媽咪跟著我做〕　　**Please follow me！**

● 身體平躺在地，雙腳打開與骨盆同寬，雙腳膝蓋彎曲，手放鬆、吸氣。雙手往前延伸，吐氣的時候腹部及肚臍往內收，上半身微微離地，只用腹部的力氣把上半身提起來，吸氣後腹部慢慢回來，可以做10～20次，先放鬆一下再反覆練習。

橋式 調養專攻) 收縮臀部、預防臀部下垂。

做這個動作可以緊實腹部肌肉群及臀大肌。

懷孕期間通常都會有一點水腫的現象，尤其是越接近生產的時候，肌肉會因此而擴張、水分充滿整個身體。

等到生產完水分流失之後，我們的皮膚和肌肉會因此而變得很鬆弛，這時候我們就可以藉由這個動作來緊實臀大肌，否則，臀部會變得鬆垮垮的。

〔俏媽咪跟著我做〕 **Please follow me！**

● 整個身體平躺在地板上，記得要用軟墊，雙腳彎曲，背部打直，吐氣。

● 吸氣時，把臀部稍微往上提，停留10～15秒，大腿及小腿平行、保持呼吸，眼睛看著天花板，用鼻子吸、吐氣，然後放下來。

Queen Says 04

蝗蟲式 調養專攻 ）緊實背部、臀部線條。

訓練背部（上背和下背）的力氣、加強背擴肌、穩定脊椎。

這個動作是比較高難度的動作，是產後3個月才可以做的瑜珈動作。
蝗蟲式是在緊實背部、臀部肌肉群及全身延展的力氣。

腹部貼地，可以放置一個軟墊，以免髖關節感覺疼痛。

〔 俏媽咪跟著我做 〕 **Please follow me！**

● 額頭貼地面，身體趴在地板上，手、腳往後延伸，腳併攏。吸氣的時候手往後延伸，腳略略離開地板，眼睛看前方，手往後拉長，保持微微的呼吸，10～20秒之後再吐氣、放鬆。

● 記得臉部肌肉及脖子的肌肉不要太僵硬，要持放鬆的狀態。

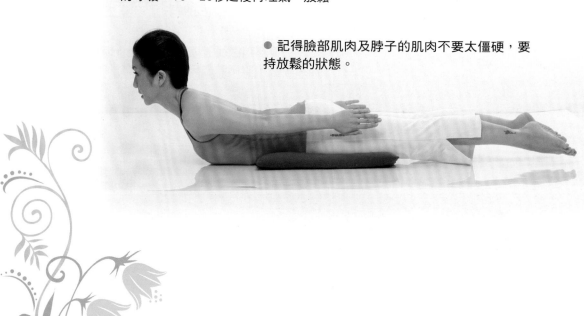

小橋式 調養專攻 ）緊實全身性肌肉線條。

這個動作強調緊實臀部、骨盆底肌肉。因它的弧度沒有很大，所以如果橋式對妳來說感覺弧度太大，可以改做小橋式。

它可以緊實大腿肌肉群、腹部、軀幹、背部肌肉，對於產後想要瘦身的媽媽，這個動作會有很大的幫助。

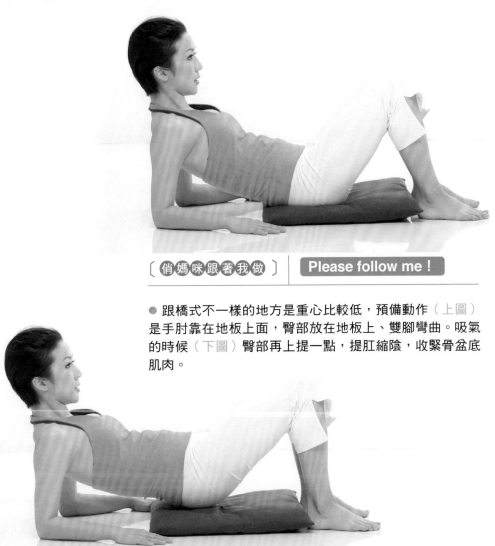

〔俏媽咪跟著我做〕　**Please follow me！**

● 跟橋式不一樣的地方是重心比較低，預備動作（上圖）是手肘靠在地板上面，臀部放在地板上、雙腳彎曲。吸氣的時候（下圖）臀部再上提一點，提肛縮陰，收緊骨盆底肌肉。

脊椎平衡式 調養專攻 防止水腫、改善肥胖。

　　脊椎平衡式對於產後瘦身有很大的功效！可以加強身體活力、活化血液循環、預防水腫及肥胖。

　　而四足跪姿對腹腔和臀部不會造成很大的影響，是水平面的狀態，所以可以訓練到肌肉群。還可以達到全身性平衡背部肌肉群、訓練腰腹的力氣。

〔俏媽咪跟著我做〕
Please follow me！

● 脊椎平衡式，四足跪姿（貓式的預備動作），吸氣，把一隻腳往上舉起來、腳彎曲，手往前延伸。

● 這個動作是更強力的動作，是在訓練軀幹、大腿及臀大肌的力氣。在做動作時手必須要往前延伸，腳要上提使出延展的力氣，膝蓋和股四頭肌要朝地板，保持停留10～15秒再放鬆。

新手媽媽好用小道具
Small Handy Props Of New Hand'sMothers Like Using

① 塑身衣

　　我推薦的這一款塑身衣有一個很棒的功能：就是在穿了8個小時之後，脫掉後的2小時內還是可以有定型的效果！

　　這款塑身衣正確的穿法是：穿的時候胸部要往前傾、塑身褲要放在塑身衣裡面，穿好塑身褲時要站成大字型，先彎曲膝蓋，讓塑身衣可以完全緊實包覆，並往上推擠到比較包合臀部的位置。

　　注意！讓塑身衣穿到很正確的位置，塑身效果才會出來喔！

　　塑身衣是瘦身時很重要的工具之一，但是切記在穿了8個小時之後一定要脫掉！而且建議晚上睡覺時不要穿，以免容易造成過敏。

　　在穿著塑身衣時，必須要用腹式呼吸法加強腹部收縮、緊實腹部肌肉，這樣腹部的肌肉才會更穩定、更平坦。塑身衣可以幫助我們把身體的脂肪排出、肌肉定型、塑型，脫掉後2小時內是定型期，這時候可以配合瑜珈動作來加強塑身的功效。

如何正確穿塑身衣

① 將束腹、上衣完全的包住身體後扣起扣子，但記得先把肚子的肉吸進去一點點，身體稍微往前傾，用手掌將背部、腋下副乳的肉通通集中撥到到胸前。

② 確定沒有多餘的贅肉之後，再調整胸部的位置，最後將小腹旁邊的肉完整的撥進馬甲裡去即可。

③ 在穿塑身褲時，穿好之後要再往下蹲一下，讓褲子和臀部可以密合，記得要用手把下臀部的肉再往上撥，臀部才會比較容易往上翹。

② 運動內衣

　產後的媽媽運動時一定要穿運動內衣，因為若胸部有奶水，會比較容易晃動，這一款是我最喜歡的運動內衣，主要是簡單、包覆性大，把胸部支撐、托高效果比較好。

③ 甜杏仁油

甜杏仁油在很多地方都買得到，比較知名的精油品牌都有賣很純的甜杏仁油。 甜杏仁油是敏感肌膚的福音，因為它原本是用在baby的按摩上，可想而知它的成分作用特別能呵護肌膚。

為什麼我們要用在皮膚上？因為有些人的皮膚很敏感，很多產品都不能用，甚至有異位性皮炎的人，只要有一點點化學物質或是摻雜精油成份的東西就會容易敏感。

而對這類型皮膚的人來說，甜杏油是最好的，因為它的質地比較輕薄，不像橄欖油或是維他命E油質地那麼濃稠、因此更容易被人體所吸收，也不會殘留很久，或是讓人感覺夏天擦這些油脂類的，老是渾身油膩膩的很難受！

甜杏仁油非常的天然、溫和，而且可以食用，沒有任何化學精油的成份。如果你是正處於減肥的階段，希望不要產生妊娠紋、肥胖紋，但又很想要按摩，那麼推薦你甜杏仁油是很棒的選擇！

而且它的價位比起精油、或按摩霜都還要更便宜。是屬於物美價廉型的！而且還適用於任何膚質。

④ 哺乳衛生墊

做產後瑜珈的時候，如果還在哺乳期，為了防止乳腺分泌過多造成溢乳的現象，我都會使用哺乳墊。

但是由於哺乳墊很厚，夏天用起來會覺得很熱，如果有些人體質很容易過敏，就會覺得更不舒服、在加上價錢也很貴，對於常常需要使用的人來說很不划算。

在這裡教大家一個簡單的、自製哺乳護墊的方法給妳們參考。我都是把衛生棉或是護墊拿來剪成一半、剪出稍微有圓弧形狀來取代哺乳墊。很簡單吧？而使用自製的哺乳墊因為成本低，用起來也比較不會那麼心痛。

Chapter 18

Lulu's 獨家 穴道 按摩瘦身

How to Keep Shape With Massage By Acupuncture Points

我們人類所有的感覺器官中,最先發育及最敏感的就是觸覺。

　　而如果你會善用穴道按摩,不但可以增加血液及淋巴系統的通暢,還可以放鬆肌肉、達到瘦身美容的效果!

　　所以在瘦身的過程中,多多利用穴道按摩,還可以使我們減肥期中的肌肉組織緊實而不致下垂!不會瘦下來後卻變成一身鬆垮垮的肌肉!

　　科學上也有相關的研究:當我們做輕撫或揉捏等按摩動作時,能產生叫做腦內啡的快樂荷爾蒙,可以使我們的內分泌平衡、新陳代謝趨於正常,而且對於瘦身也有很大的幫助。

　　在LULU老師多年的瘦身經驗中,也深深體會到按摩確實能讓我們的肌肉線條更柔和、身體更健康!因此LULU老師非常鼓勵大家可以在睡前用短短幾分鐘的時間來進行一次自我按摩!

　　因為睡前是我們精神和身體都處於最放鬆的狀態!同時也是最安靜、最能夠專注進行按摩的時間,而且過程也不容易被打擾,比較能享受按摩的效果。

　　LULU老師建議大家都可以試試看利用自我按摩來讓自己一夜好眠,按摩的時間其實是貴在精而不在多!我們每天只要花5～10分鐘、搭配使用瘦身乳液或自己喜愛的精油來保養,持之以恆一段時間後,你一定可以看到很棒的效果喔!

❶ 巨髎穴

● 位置　位於顴骨底部。

● 做法　用雙手大拇指從臉中間沿著顴骨底部，往上的模式按壓穴道，每次停留3秒。

● 功效　上提臉頰的效果

❷ 迎香穴

● 位置　鼻翼兩側凹陷處。

● 做法　45°斜向皮膚，往鼻翼方向按摩。

● 功效　改善嗅覺疲勞、鼻塞、消除臉部浮腫。

❸ 魚腰穴

● 位置　位於眉毛中央下方。

● 做法　用拇指將眉毛輕輕向上提起。

● 功效　解決鬆弛下垂的眼瞼。

❹ 頰車穴

● 位置　沿著兩鬢一直下，靠近臉部與頸部分界處。

● 做法　食指與中指關節往下畫圓圈。

● 功效　消除國字臉。

⑤ 印堂穴

● 位置　兩眉之正中間，對準鼻尖處。

● 做法　在兩眉正中間眉骨凹陷處按壓。

● 功效　人稱鎖眉，就是鎖此穴。美容上有消解抬頭紋和川字紋的功效。

⑥ 上廉泉穴

● 位置　位於下顎正下方凹陷處。

● 做法　拇指輕輕按壓穴道，重覆按壓、放鬆，反覆刺激數次。

● 功效　促進臉部排水，強化呼吸器功能。可增進身體抵抗力，預防感冒。

⑦ 中府穴

- 位置　乳頭直上旁開兩吋、鎖骨下第二、第三根肋骨間。
- 做法　拇指90°往下按壓。
- 功效　豐胸、改善副乳。

⑧ 天谿穴

- 位置　乳頭旁兩吋。
- 做法　拇指90°往下按壓。
- 功效　豐胸。

⑨ 膻中穴

- 位置　兩乳頭的連線與胸骨體正中。
- 做法　拇指90°往下按壓。
- 功效　改善呼吸困難、咳嗽、胸悶、肋間神經痛、焦躁。

⑩ 日月穴

- 位置　乳頭下數第三肋骨及第七、八肋骨間。
- 做法　雙手由乳房下方往上輪流輕輕順推。
- 功效　治療黃疸、唾液過多、呃逆、心情低落，有豐胸效果。

⑪ 乳根穴

- **位置** 乳頭直下第五肋骨間隙。

- **做法** 拇指45°往上按壓。

- **功效** 改善胸、腹部脹痛、肋間神經痛、胸悶,預防胸部下垂。

- **做法** 雙手由乳房外往內輪流輕輕順推。

- **功效** 改善胸、腹部脹痛、肋間神經痛、胸悶,預防胸部下垂。

⑫ 輒筋穴

- **位置** 自腋下中央平行於乳頭。

- **做法** 手掌往內按壓、集中胸部。

- **功效** 位於膽經上,可治嘔吐反胃、胃液逆流、胸中煩悶、呼吸不順而引起的失眠,可消除副乳。

腰、腹部 穴道按摩

⑬ 腎俞穴

- **位置** 位於肚臍正後方、腰部距離脊椎骨左右的位置,一樣是離肚臍兩指外的點,但它是在背後。

- **做法** 做這個穴道按壓的時候,我們可以手扠腰,大拇指稍微往後一點點,手肘也稍微往後彎一點點,用大拇指按住腎俞穴,身體稍稍往後仰,吸氣時按壓、吐氣時身體再往前延伸。

- **功效** 消除腰部贅肉、美化腰部線條有很大的幫助,它可以促進老廢物質的排泄。

⑭ 氣海穴

● 位置　位於肚臍下方2cm。

● 做法　可以用大拇指稍微往內按壓，慢慢的揉壓。

● 功效　這個穴道對於減肥有很大的幫助。第一個是內分泌失調
　　　　引起的肥胖，氣海穴可以幫助平衡我們的荷爾蒙。

　　　　第二個是因壓力而引起的自律神經失調，氣海穴可以幫
　　　　助抒壓。

　　　　按摩氣海也可以讓你不要吃太多，有抑制食慾、鎮定神
　　　　經的效果。

⑮ 天樞穴

● 位置　肚臍左右兩側約兩指的位置。

● 做法　天樞是兩個點，我們可以用大拇指放在天樞穴，吐氣的
　　　　時候用力往內按壓，每天做5～10次左右。

● 功效　可以刺激腹部脂肪的代謝，緊實腹部肌肉。

⑯ 水分穴

● 位置　距離肚臍上方一指幅度的位置。

● 做法　用你的大姆指往中間慢慢的按壓，在吸氣、吐氣之後
　　　　往裡面慢慢的按壓，你也可以在裡面稍微搓揉一下。

● 功效　水分和湧泉，這兩個穴道是屬於掌管腎臟、膀胱的，水
　　　　分代謝不好、水腫的時候我們可以按壓這二個穴道。

　　　　水分穴可以讓你水分的代謝正常，消除身體浮腫。

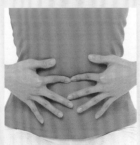

（
・腹部其實很容易累積脂肪，如果我們可以配合穴道來做按
　摩的話會更有效果。
・要特別注意的是：我們講到所有腹部的穴道，都必須在空
　腹的時候做按壓。
）

⑰ 箕門穴

● 位置　雙手自然下垂的手掌附近。

● 做法　往穴點處按壓或按摩。

● 功效　位於膽經上，按摩可幫助消除鼠蹊腫痛、幫助下半身消腫、強肝利膽、提高基礎代謝及利尿。

⑱ 承扶穴

● 位置　臀部下緣中央。

● 做法　手掌輕扶住臀部向上提，中指向上按壓穴道，骨頭也會有刺激感。

● 功效　使鬆軟下垂的臀部變俏挺。

⑲ 肱中穴

● 位置　位於我們手臂根部跟手肘連結線的正中央，但是是在手臂的內側。

● 做法　用大拇指往內按壓，配合揉壓。

● 功效　可以去除多餘、老廢的物質和水分、去除手臂的肥胖和浮腫，是促進手臂新陳代謝很好的穴道。

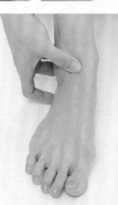

⑳ 解谿穴

● 位置　位於腳踝關節前面中央的位置。

● 做法　用大拇指稍微往內按壓、搓揉。你可以坐下來，膝蓋彎曲，用其他四指抓住腳踝，大拇指做揉捏，左右腳同時做、做10～20次。

● 功效　這是對於下腹部比較有用的穴道。它可以促進下肢的血液循環，對於促進腹部的血液循環也很有效果。

㉑ 合谷穴

● 位置　位於手背側，拇指和食指根部骨交會的位置。

● 做法　我們用右手抓住左手，大拇指在上、食指在下，按住合谷穴往內按壓一下下再放開，也可以做揉捏的方式。

● 功效　可以促進背部的新陳代謝、消除背部脂肪和贅肉。
背部其實是很容易長贅肉的地方，但一般人又很難運動到背部的肌肉，因此對於背部的贅肉，我們可以用合谷穴來克服、塑造出漂亮的背部的線條。

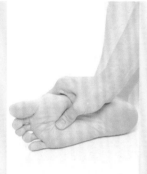

㉒ 湧泉穴

● 位置　位於腳心上方一點點的位置，在腳的拇指側及小指側凸起部交會的位置。也就是如果你的腳彎曲，腳趾頭收起來的時候凹下去的位置。

● 做法　用大拇指往裡按壓。

● 功效　屬於掌管腎臟、膀胱的穴道，身體水分代謝不好的時候我們可以刺激它，以便排出體內多餘的水分。

呼吸法

① 肋骨呼吸法

- 位置　散坐，兩手掌輕握肋骨兩側。
- 做法　吸氣，肋骨向前後左右推開；吐氣，肋骨往中間收縮。
- 功效　增加肺部空間，使呼吸深長。能夠喚醒身體活力、提振精神、美化背部線條。

② 腹式呼吸法

- 位置　散坐，兩手掌輕貼腹部。
- 做法　吸氣，腹部輕輕鼓起；吐氣，腹部輕輕的內收，手心感覺腹部的起伏。
- 功效　呼吸較為深沉，可放鬆緊繃的肌肉，有安定思緒、穩定自律神經的功效，可消除腹部贅肉，緊實腹肌。

③ 蜜蜂式呼吸法

- 位置　散坐，手指塞住耳朵。
- 做法　吐氣時發出“嗡”的聲音，重覆數次。
- 功效　能夠讓焦躁不安的情緒平穩，有鎮定精神的功用、可抑制食慾。

④ 自然呼吸法

- 位置　散坐。
- 做法　自然呼吸即可。
- 功效　訓練專注力、抑制食慾。

⑤ 逆腹式呼吸法 （與腹式呼吸相反）

● 位置　散坐，兩手掌交疊在肚臍下3～5公分處，背部拱起。

● 做法　吸氣，腹部輕輕的內收；吐氣，腹部輕輕鼓起，用手心感覺腹部的起伏。

● 功效　可改善自律神經功能、提高脂肪與水份的代謝。

美塑身保養聖品
獨家大公開
Choice Slim
Products Of
LuLu's Box

減肥瘦身，除了多做瑜珈和多運動之外，還可以多多利用
一些輔助產品來加速效果喔！

① 按摩器具

當我塗油或洗澡時，會配合這些器具來幫身體做按摩，尤其是大腿外側、臀部。這兩個部位很容易囤積頑固脂肪，配合使用按摩器具可以事半功倍。

② 嗎哪橘皮組織纖體精油

這一款纖體精油是專門用來對抗橘皮組織的精油，可以打散橘皮組織、加強血液循環，幫助促進新陳代謝，例如：杜松、茴香。

為什麼它可以打散橘皮組織？因為橘皮組織是脂肪不正常的增生，如果我們要打散它，除了按摩、運動之外，精油也可以達到不錯的效果。它的成份有葡萄柚、馬鬱蘭、杜松、廣藿香、茴香，基底油是維他命E油，非常適合冬天做保養使用。特別適合有嚴重被橘皮組織困擾的人，可以利用冬天時每天都擦它做基礎保養，夏天就可以達到纖體及消除橘皮的功能！

這一款我非常推薦，因為產後一般來講都會產生橘皮組織，尤其是大腿、臀部的位置，這款精油針對這些很難對付的頑固脂肪很有效。

❸ 峇里島的纖體精油

　　這是我去峇里島旅遊時，在一家賣精油的工廠裡買的。他們的精油非常便宜，而且質地很精純。

　　這一罐精油才合新台幣100多元左右，裡面的精油都是非常天然的。

　　瘦身的精油最主要會有檸檬、葡萄柚、甜杏仁油的成分，還有加一些像杜松子等比較可以排毒的東西，所以這個峇里島的纖體精油也是我的最愛！

　　除了純天然的特點之外，它的包裝也很特別，罐子的頭是用橡膠整個封包起來的，所以它的保存性非常好。

④ 有機薄荷精油

這支有機薄荷精油適用於產後身體比較虛弱、需要提神的時候；或是我們在瘦身期間情緒比較低落時。

妳可以把精油塗抹在太陽穴、或是鼻子下面人中附近、及以肩頸的部位。通常我會先把薄荷精油塗抹在肩頸的地方，再使用刮痧棒輕輕的刮一下，會覺得非常舒服。整個人感覺神清氣爽，心情也會跟著好起來喔！

⑤ 亮骨膏

這瓶身體亮骨膏很適合參加派對時、或拍照時使用！

只要把亮骨膏擦在大腿和小腿的內、外側，就會產生視覺上的瘦身效果！而且會讓皮膚變得比較油亮、有光澤。夏天如果妳想要穿得比較清涼，也可以在手臂及大腿的內、外側擦亮骨膏，來達到視覺上的瘦身效果！

⑥ 雅詩蘭黛纖盈動感極緻纖體菁華

它含有溶脂配方、排水功能，可以有效燃燒體內多餘的熱量及消除水腫的部位，讓皮下脂肪的囤積減到最小。

我會在運動之後擦這款纖體菁華，因為我覺得運動之後身體的新陳代謝是加快的，擦上去的瘦身霜會比較容易被吸收。這一款我還滿喜歡的，而且它的質感很細緻、不油膩，非常適合夏天使用，冬天使用也很舒服，有滋潤、滋養的效果。

⑦ 雅詩蘭黛纖體去角質霜

我會先去完角質之後再用纖體按摩油。它裡面含有海塩、絲瓜纖維、海藻。

海塩有平衡能量的效果，也可以幫助去除身體多餘的水份，對於在瘦身同時，也想一併清潔毛孔、去角質的人而言非常有效。

⑧ 刮痧棒

刮痧棒的功能，可以在身體比較容易浮腫的部位找出穴道，例如肩膀或大腿外側，然後塗抹精油做一個很簡單的刮痧動作。

通常我會在洗澡或晚上塗抹精油的時一邊塗抹、一邊刮痧，可以讓你整個氣血循環變好，有肩頸痠痛毛病的人也非常適合！

刮痧棒可以配合有機薄荷油一起使用，我有時候感覺精神比較疲憊的時候，會把有機薄荷油塗在頭皮上，再用刮痧棒稍微刮一下頭皮，就會覺得神清氣爽、立刻提振精神。

⑨ 護唇膏

這支護唇膏是有機天然的護唇膏，是歐洲一個很知名的品牌。

我在生產完後，感覺身體各部位都很乾燥，尤其嘴唇更乾！而因為一般的護唇膏裡面所含的礦物油成分比較高，所以使用這支純天然精油的護唇膏後，就算妳想要親吻小baby也不需要擔心會傷到他細嫩的肌膚了。

⑩ 腿部舒緩霜

　　這款產品是我最喜愛的護足精油！含尤加利、法國歐薄荷、檀香、高針葉松等成分，對於消除雙足每日的疲勞、消水腫有很好的效果！尤其是那些常常必須久坐或久站的上班族，因為職業的關係，容易造成下半身循環不良、浮腫，更要特別注意靜脈曲張的產生。

　　這支產品可以幫助我們有效的消除腿部水腫，很適合晚上回家後配合穴道按摩使用喔。

⑪ 香草集　窈窕專用按摩油

　　LULU老師會在沐浴後拿來塗抹全身的一款瘦身精油。

　　塗抹的方式通常是由腳底開始向上按摩至大腿及臀部，建議妳還可以針對腹部、大腿及腰臀等容易堆積脂肪的部位加強按摩。

　　香草集的按摩油具有芳香調理的功效，不但能幫助緊實肌膚、完美提升肌膚彈性，使用後會讓妳感受到肌膚緊緻平滑的效果，而且還特別適合那些本身容易循環不佳、易水腫體質、有橘皮困擾的人來使用喔。他們同時也有美胸專用按摩油。

❀ 美腿按摩法

　　需要長時間站立或久坐的人，較容易出現下半身血液循環不佳的現象，所以要多做腿部按摩的動作。多按摩不但可以舒緩腿部的腫脹緊繃感、促進淋巴流動與血液循環，還可以幫助排除水腫、預防靜脈曲張，讓妳的腿部線條越來越修長、漂亮。

❀ 按摩步驟

1. 雙腿均勻抹上按摩油。

2. 雙掌一前一後包覆住整個腿部，從腳踝開始由下往上輕柔推滑按摩，直到臀底鼠蹊淋巴匯集處。

3. 雙手再滑回腳踝處重新開始，重複此動作流程共4~5次。

Chapter 20

LuLu媽's
美麗廚房日誌
MY COOKING
DIARY :
YOU ARE WHAT
YOU EAT

LuLu媽's 美麗廚房日誌

LULU老師有個像姊妹花一樣的媽媽，早已是眾所皆知的事了！

LULU媽上一次幫讀者示範超棒的補身養胎食譜，是在LULU老師的「好孕瑜珈」那本書裡。從此美麗的LULU媽就大受歡迎！

很多讀者這才知道，LULU老師原來有個這麼年輕漂亮、料理手藝一流的媽媽！

而且很多女生最關心的美容養顏、豐胸瘦身、窈窕曲線的食譜秘訣，LULU媽都有深厚的底子和研究！

除了因為LULU媽過去開過各種不同的料理餐廳之外，還有就是LULU媽當年生完孩子後，再加上工作忙碌，曾經因為飲食和體質的改變而胖到60幾公斤！

LULU媽於是下定決心開始吃起自己調配研究的瘦身餐、豐胸餐、美白餐、補氣養身餐……等等。

再搭配上運動，竟然奇蹟似的可以平均每個星期都瘦三公斤！

因此，看LULU媽公開如何達到美麗窈窕的廚房日誌，只要照著做、照著吃，妳一定會很快發現自己的曲線越來越美、皮膚越來越好看了！

功效

❶豐胸的原理：木瓜本身比較多酵素，可以促進蛋白質的吸收，並促進排骨中豐富膠質的吸收，對皮膚和豐胸有很大的幫助。

❷木瓜分解蛋白質的功效很大，所以可以增加人體吸收。另外，木瓜可以促進乳汁分泌、具有通乳的功效，所以產後也可以喝。

這道料理堪稱豐胸效果有名的！常常吃、多吃，對女性來說不會胖全身、只會豐滿胸部！尤其是發育中的少女，更應該多吃點。

壹 青木瓜燉排骨

材料：排骨半斤、青木瓜半棵、米酒半杯、紅棗6顆、枸杞2兩。

作法
1 排骨先川燙，川燙時滾水會把雜質帶出，然後再用水清洗一次。
2 排骨清洗完後放入鍋中用大火煮20分鐘。然後把所有材料放入電鍋中一起燉，燉的時候在外鍋加2杯水。

lulu媽貼心話

排骨會有腥味，所以要先川燙。川燙後再用水清洗一次，將殘留的雜質洗去，避免雜質把湯變得混濁、不順口。

功效

❶ 蜂蜜含豐富的礦物質及維生素，在蠻荒的遠古時代，蜂蜜是人類主要熱量及營養素的來源，所以蜂蜜對於養顏美容有很大的幫助。

❷ 而蔬菜含有充足的維他命C及纖維質，對於消化系統、排便有很大的幫助。

❸ 檸檬富含維他命C，有去除油脂的功能。所以，這是一道堪稱夏日的減肥活顏聖品。

我和LULU老師在減肥時，一天都至少可以吃一盤這個沙拉！它不但好吃、熱量低，而且容易有飽足感，讓減肥中的人就不會因嘴饞而亂吃東西了！不過體質較寒的人不宜過量。

貳 檸檬蜂蜜沙拉

材料：小黃瓜2條、紅椒1棵、小蕃茄6顆、高麗菜少許、西洋芹少許、蘋果半顆(其他蔬菜或水果也都可以替代使用)、雞肉絲少許、葡萄或葡萄乾、其他自己喜歡的果乾或堅果少許。

作法 將材料全部切好拌勻即可。

lulu媽貼心話

一切以簡單、方便為主，利用冰箱裡現有的蔬菜、水果或是自己和家人喜歡吃的蔬果即可，只要不要挑太甜的(不利減肥)、味道不要太相沖的就可以了，不一定要特地去買菜單上所列的蔬果。

功效

① 這道菜很清爽、清淡、湯很好喝；加上牛蒡本身天然的甜味，是一道可以有效幫助瘦身的湯品。

② 雞腿去皮之後，油脂少了很多，但還是含有豐富的蛋白質，對身體有益。

③ 有些人想瘦身，又想吃得飽，牛蒡、高麗菜是我很推薦的食材，因為它們都是屬於比較高纖維的食物。

牛蒡古稱牛房，指牛的尾巴，它富含高單位鈣、磷、鐵、維生素B、維生素C、纖維質。可以防癌、降血脂、幫助排便順暢、養顏美容、瘦身、排毒，是日本人的最愛！日本男人還很喜歡把它當成天然的威而鋼來吃。

㊂ 牛蒡枸杞燉雞

材料：雞腿2隻、牛蒡半條、枸杞4兩、高麗菜1/4棵、米露水2瓶、米酒半杯、塩少許。

作法　雞腿川燙後去皮，1隻雞腿切成3塊，牛蒡洗乾淨(煮湯不需削皮，跟人蔘一樣有補身的效果)直接切片，加入枸杞、米酒或米露水(米露水要淹過食材，約2瓶)一起煮10分鐘，放入高麗菜再煮10分鐘，最後加入少許的塩即可。

lulu媽貼心話

1. 牛蒡含有鐵質，洗淨切片後要先用塩水泡過，避免和空氣接觸後氧化而變黑。
2. 有些人的體質不適合食用人蔘，可以用牛蒡來代替。
3. 用米酒或米露水均可；如果是加米酒，則需要另外加水，也是以淹過食材為主。而直接用米露水的話，就不需要再加水了。

高麗菜是屬於很溫和的蔬菜，對胃不太好的人來說也是很好的蔬菜。正在減肥的人一定要好好照顧自己的腸胃，因為減肥時可能會改變飲食習慣或節食，最容易傷胃。所以瘦身期間不要忘了也要顧到健康。

功效

這一道菜用到的雞肉絲是雞胸瘦肉的部分，雞肉含蛋白質、纖維質及維生素。紅蘿蔔又稱小人蔘，富含維他命A。因此這是一道營養很均衡的涼菜。

肆 高麗菜雞肉絲

材料：雞胸肉4兩、高麗菜半棵(小)、紅蘿蔔半條(小)、山葵少許。

作法 雞胸肉切絲燙熟、高麗菜燙熟、紅蘿蔔切絲燙熟，待放涼後一起拌勻(沾醬油、山葵即可)。若想吃更冰涼的，可以放入冰箱冰鎮。

lulu媽貼心話 沒吃完的部分可以放在保鮮盒中冰起來，但是因為蔬菜有燙過，所以盡量在隔天吃完，不要存放太久，以免食物變得不新鮮、口感不佳。

這道菜不僅拿來宴客很受歡迎，如果減肥期間嘴饞的話，它同時也是能滿足味蕾又不需太忌口的料理。

烤培根蘆筍

功效

① 蘆筍看起來不起眼，可是營養成份很高、很清涼，非常適合夏天食用，它同時富含維生素A、維生素C、纖維素。

② 像有些人比較容易燥熱或水腫，多吃蘆筍還可以利尿、消腫、促進腸道通暢，也可以增加排便。

伍 烤培根蘆筍

材料：蘆筍6支(大)、瘦培根6片、黑胡椒塩少許、牙籤3支。

作法　蘆筍削皮後川燙1分鐘，用培根將蘆筍捲起來，再利用牙籤固定。放入烤箱烤2分鐘，灑上黑胡椒塩即可。

lulu媽貼心話

1. 蘆筍川燙1分鐘就會熟了，如果時間過長，除了養分容易流失之外，蘆筍也容易變軟，捲的時候不好捲，口感也不佳。減肥期間記得要挑選瘦的培根(培根有兩種，另一種是油脂比較多的培根)，如果怕太油膩，培根的量可以減半。
2. 用烤的做法，是因為在烤的過程中，培根的油脂會減少而香味會增加。
3. 培根在這裡的作用是提味。

功效

① 小黃瓜富含維他命 C，可以幫助身體美白，也可以讓我們的新陳代謝比較正常，還可以強化我們的免疫力及抵抗力。

② 芝麻可以補氣、養身，對毛髮黝黑有加分效果。還可以整腸健胃。

③ 大蒜具有健胃整腸、補充腎氣的功能。

手臂容易囤積脂肪，如果我們在攝食時能注意適度減少多餘油脂的攝取，就可以預防脂肪的囤積。這道涼拌菜熱量很低、又容易飽足，多吃也不怕脂肪上身。

陸 涼拌芝麻醬黃瓜

材料：小黃瓜6條(盡量挑細長的小黃瓜)、芝麻醬1大匙、蒜頭6顆、香油半匙、塩少許、烹大師少許。

作法 排條小黃瓜切成4段，去籽，先用塩醃過，讓水分出來，加入蒜頭(拍碎再切成細末)、芝麻醬、香油、烹大師，一起拌勻即可。

lulu媽貼心話

1. 小黃瓜的籽會產生水分、影響口感，而挑選細長的小黃瓜是因為它的籽會比較少。
2. 芝麻的營養成分高，有些人不喜歡芝麻醬的味道，也可以不加芝麻醬。特別要注意的是芝麻的熱量比較高，切記不要加太多。
3. 這道菜用涼拌的作法，可以避免攝取過多的油脂。
4. 這道菜用來宴客也很適合，可以切一些紅辣椒絲裝飾、增添繽紛的色彩，但是記得辣椒要去籽，以免影響口感。

功效

❶ A菜是溫和的蔬菜，可以幫助排便順暢，適合產婦在產後食用。

❷ 腰花可以補腎、補氣、養顏美容，含豐富的蛋白質，對於產生充足的奶水有很大的幫助。

❸ 枸杞可以增強視力。

這一道菜男女都可以吃，不是只給產婦吃的喔。這道菜可以補充元氣，尤其如果你最近特別疲累、感冒的話，多吃容易恢復體力。而產婦坐月子期間通常吃多了麻油雞之類的補湯也容易造成便秘，這道菜可以很有效的幫助排便。

柒 涼拌腰花

材料：A菜半把、腰子一副切花、薑片10片、黑麻油1大匙、米酒1大匙、枸杞少許。

作法

1. 產後不適合喝太油膩的湯品，所以這道菜我們用涼拌的作法。

2. 首先將半把A菜用水川燙過放涼，切成4等分備用；腰子切花、1顆腰花切成8塊，用塩水泡2分鐘去除腥味，川燙15~20秒後，立刻放入冰水中，腰花會比較脆，放涼再撈起來備用。

3. 薑片10片加入枸杞，用黑麻油爆香，再加入米酒後要用小火滾1分鐘，讓枸杞入味(黑麻油和米酒的味道)，A菜和腰花放涼之後加入拌勻即可。

lulu媽貼心話

腰花不能川燙太久，會老掉、硬掉。

捌 蜂蜜檸檬蒸蛋

功效 檸檬含豐富維他命C，可以代謝水分及油脂，還可以美白。

材料： 蜂蜜2小匙、檸檬1顆、冷開水半碗、雞蛋1顆。

作法
1. 先將雞蛋打成蛋花放入小碗中，加水至碗八分滿，在鍋中用大火蒸至水滾，再改用小火蒸5分鐘即可。
2. 蛋蒸好了之後取出待稍涼，淋上調好的蜂蜜檸檬醬，把蒸蛋當成布丁來吃，酸酸甜甜的很好吃。

這道料理我通常都把它當成甜點來吃。常吃對女生來說可以美容養顏和瘦身、給baby吃的話有助消化、排便順暢。吃慣了海鮮或肉類蒸蛋的人，不妨試試新的做法，保證好吃喔。

功效

❶ 干貝可以滋陰養血、開胃補腎。產婦多吃還可以補氣、補身。

❷ 白花椰菜其實是高麗菜的變種蔬菜，這兩種蔬菜對我們的胃都很好。

❸ 白花椰菜和紅蘿蔔的營養成份都很高，而且白花椰菜還可以增加食慾、促進消化、防癌，含有豐富的維生素B群、維生素C、纖維素。

❹ 紅蘿蔔又名小人蔘，含蛋白質、胡蘿蔔素、鈣、鐵，可以降血脂、抗癌、促進排便。

❺ 雞翅則可以補充膠原蛋白。

這道菜非常清甜鮮美、百吃不膩，又有營養價值，大人小孩都很不錯。做這道菜沒有用太多油，食材沒有高熱量、高脂肪，所以多吃也不容易發胖。

玖 干貝白花菜

材料：干貝4顆、白花椰菜1棵、香菇3朵、紅蘿蔔半條、雞翅4支、香菜少許、塩少許、烹大師少許、白胡椒少許。

作法 干貝泡開、雞翅切半、紅蘿蔔切丁、香菇泡開切成4份，一起入鍋煮15分鐘，加入洗淨的白花椰菜再煮5分鐘，加入塩、烹大師、白胡椒，關火後再燜5分鐘即可，食用時加點香菜。

lulu媽貼心話

1. 白花椰菜切好清洗時，要用塩水泡10分鐘，去除殘留的農藥。
2. 白花椰菜底部外表比較粗糙的纖維最好不要削掉，可以促進腸胃蠕動。
3. 雞翅含有豐富的膠原蛋白，天然的尚好！還比市面上加工後的膠原蛋白產品便宜呢！

功效

❶ 產後要補血、補充蛋白質、鈣質、增加奶水。魚湯對於想要有奶水的媽媽非常重要。

❷ 魚湯不燥熱，對於體質容易燥熱的人而言，是一道很好的湯品(體質燥熱的人不適合喝四物雞湯)。

這是一道男女都很適合的補身料理。男人吃四物湯一樣可以補身，尤其如果像是動完手術後體弱氣虛時，煮這個湯來喝可以補充元氣、讓身體傷口加速復元。女生在月事結束之後，喝這個湯可以補血。產婦來喝除了補身之外，還有通乳豐胸的效果。

拾 四物虱目魚湯

材料：**四物**(請中藥行調配100元的四物)、**虱目魚肚1個**、**米酒1杯**、**水6碗**、**枸杞少許**。

作法　將所有的材料放入電鍋中燉到熟即可。外鍋的水依電鍋大小請自行斟酌。

lulu媽貼心話

1. 產婦生完小孩後視力容易變差，枸杞可以改善這個問題。

2. 產婦坐月子是很重要的，根據lulu媽的經驗，生完第一胎，產婦的鈣質容易因為被胎兒吸收而流失；生完第二胎牙齒幾乎都壞光了；生完第三胎坐月子時牙齒已經不太能咀嚼食物，所以多補充鈣質是非常重要的！

3. 四物和虱目魚的味道比較合，不敢吃虱目魚的人往往會覺得腥味很重，四物可以蓋掉這個腥味。

4. 產後盡量不要看電視、看書，讓眼睛得到充分的休息。因為催產激素的作用，婦女生產後整個骨頭是被撐開的，所以必須盡量躺在床上休息，少抱小孩、少走路，一不留意很容易得到月子風。

我常常煎這個蛋給LULU老師的弟弟吃，他的胃不太好，多吃麻油煎蛋可以保護胃、調養受損的胃部。所以如果胃不太好的人、或是常常需要喝酒應酬、容易因嘔吐傷胃的人，都可以多吃。還可以補身、補元氣。

功效

❶ 麻油可以補血、補充蛋白質、促進子宮收縮、增加產婦食慾。

❷ 一般人在生理期快要結束時吃麻油煎蛋，也可以幫助經血排得更乾淨。

❸ 薑可以溫暖腸胃、利水解毒，含蛋白質、鈣、磷、鐵及胡蘿蔔素。

拾壹 麻油煎蛋

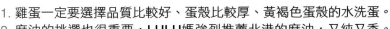

材料：**麻油1大匙、雞蛋2顆、薑片2片、烹大師少許、醬油1小匙。**

作法 麻油和薑片放入鍋中用大火加熱(不用炒)，改用小火煎荷包蛋，蛋黃不要太熟(要挑選優質的雞蛋，可以吃得安心)，加入烹大師調一下味道，盛起後加一點醬油即可。

lulu媽貼心話
1. 雞蛋一定要選擇品質比較好、蛋殼比較厚、黃褐色蛋殼的水洗蛋。
2. 麻油的挑選也很重要，**LULU媽**強烈推薦北港的麻油，又純又香。另外，麻油煎蛋千萬別在生理期的第一天吃，有可能會造成子宮收縮、月經量影響！
3. 有加麻油的料理(例如麻油雞)千萬不要加鹽巴！所以蛋煎好後頂多加一點醬油即可。

19 WAYS
TO EAT
HEALTHIER
WITHOUT EVEN
TRYING

 拾貳 果蜜優格

材料：**草莓6顆**（或芒果1顆或蘋果1顆）、**蜂蜜1大匙**、**原味優格1個**、**水300c.c.**、**冰塊少許。**

作法 把水果、蜂蜜、原味優格及冰塊（可以不加）放入果汁機中攪拌成奶昔的濃稠度即可。

lulu媽貼心話

1. 選擇當季的水果或自己和家人喜歡的水果即可。
2. 切記不要選擇水分太多或甜度太高的水果，例如：西瓜、鳳梨。
3. 芒果是很補的水果，有些人的體質不適合，吃了皮膚會發癢，要注意。

有豐富的維他命C，蜂蜜可以抗氧化、補充體力、促進腸胃蠕動。

拾參 蜂蜜檸檬水

功效 檸檬有豐富的維他命C，蜂蜜可以抗氧化、活顏潤色、補充體力、促進腸胃蠕動。

材料：**蜂蜜1大匙、檸檬1顆**（榨汁）、**水500c.c.**、**冰塊少許。**

作法 水加入檸檬汁和蜂蜜，攪拌均勻即可。可以加入少量冰塊。

lulu媽貼心話

夏天出門自備1瓶蜂蜜檸檬水，健康又窈窕。

減肥期間，我每天都會準備1000c.c.的蜂蜜檸檬水當開水喝。多喝不但可以解膩去油脂、還可以有美白、嫩膚、瘦身的功效。

功效

紅人蔘補氣、降火。人蔘片會退奶，餵哺母乳的媽媽要注意不要誤食。所以如果正值哺乳期的媽媽們，千萬不要喝人蔘茶或吃人蔘的料理，但人蔘鬚就完全沒關係！人蔘鬚很溫和，不會造成身體的影響。

我平常都會準備一大罐人蔘鬚茶帶出門，在外面跟人家吃飯或宴客時，可以喝這個代替一般的茶類，不但可以補元氣、而且很溫和不會像人蔘茶那麼燥熱。多喝還可以降火氣！

拾肆 人蔘鬚茶

材料：**人蔘鬚半把**(中藥店買)、**烏龍茶1小匙**、**水500c.c.**、**枸杞2兩**、**冰糖少許**（減肥者勿加）。

作法 用500c.c.熱水沖泡人蔘鬚、烏龍茶、枸杞，最後再加入冰糖即可。

lulu媽貼心話

1. 枸杞可以增強視力，還有淡淡的甜味。
2. 冰糖可以潤喉，而且它透明無色，不會讓茶的顏色變得不好看。
3. 烏龍茶的味道用在這裡比較對味，但如果沒有烏龍茶，可以用紅茶或綠茶代替。

拾伍 糯米水

功效 防止水腫、生津止渴、溫暖脾胃、補氣提神。

材料： 糯米(不管是長糯米或圓糯米都可以)、水。

作法 糯米用小火乾炒到熟(變紅、香)後取出，1/4碗糯米約需沖入500c.c.熱開水即可。

lulu媽貼心話

1. 糯米要用小火炒，記得要不斷的翻攪；千萬不要用大火，除了可能會炒焦，還會像爆米花一樣爆開！

2. 產後忌喝水，會傷胃。一般人可以喝糯米水來保護胃部，容易手腳冰冷的人也很適合。

對產婦來說，糯米水跟米露水一樣有替代一般水的功效。但如果有些產婦沒有買米露水，倒是非常建議可以喝這種自製的糯米水，不但方便，而且味道很香。除了產婦之外，一般人拿來喝則可以補氣提神，尤其現代人常常熬夜加班，身體容易疲累，喝這個很好。

功效

❶ 白木耳又名銀耳、雪耳，含豐富膠質及植物性膠原蛋白、蛋白質、纖維素、鈣、磷、鐵、鉀、鎂、鈉，可以清涼潤肺、健胃整腸、強肝、排毒、美白，是非常好的美容聖品。

❷ 豆腐含豐富蛋白質。這兩者搭配，一Q一嫩，口感豐富。

❸ 枸杞、紅棗可以補氣。

❹ 蜂蜜的礦物質含量很高，一直是很有營養價值的食物。

這道甜湯開胃可口、熱量低、又能排毒、美白、細緻肌膚！就算是想減肥的人，多吃也不怕胖。

拾陸 白木耳芙蓉湯

材料：一般的嫩豆腐或杏仁豆腐均可、白木耳4兩、蜂蜜2大匙、枸杞1兩、紅棗6顆。

作法

1. 白木耳泡水備用，將白木耳、豆腐、枸杞、紅棗加水煮開(約十分鐘)，放涼後加入蜂蜜即可。
2. 紅棗建議先用熱水川燙一下，去除附著在表皮的灰塵，或是用清水沖洗也可以。

lulu媽貼心話

1. 如果是用杏仁豆腐，因為杏仁比較不耐煮，所以要等到最後再加入鍋中煮滾。
2. 蜂蜜加熱後會產生毒素，所以一定要把湯放涼後才加入蜂蜜。聖經中有記載，遠古時代的人類多食蜂蜜維生，可見蜂蜜的營養成份很高。
3. 若喜歡吃冰品，可以在冰箱裡冰鎮，但建議少吃冰品，尤其是手腳冰冷、體質虛寒者，忌食冰品，放涼就好。

這道湯我特別多加了干貝在裡面，讓味道更鮮美清甜，女生多喝可以達到瘦臉、消除臉部水腫的功效！之前常做給LULU老師喝，她每次都可以喝好幾碗呢！

功效

❶ 大黃瓜含胺基酸、纖維素、維生素B、維生素C、鈣、磷、鐵，可以排水、利尿、解熱、生津止渴、美白潤膚、補鈣、養腎血、促進排便、阻斷脂肪儲存、降低膽固醇。

❷ 芹菜含維生素A、維生素B、維生素C，可以延緩老化。

拾柒 大黃瓜排骨魚丸湯

材料： 大黃瓜1條、干貝2顆、排骨半斤、魚丸12顆、芹菜切末、胡椒少許、香油少許、紅蘿蔔丁少許。

作法 干貝需先泡水。將排骨川燙後再用清水洗一次，接著加入清水和干貝，放入鍋中大火煮滾後，改用小火燉至少半小時，然後加入黃瓜(黃瓜很容易軟爛，所以不用燉太久，就算你一放下去很快就關火，讓它在鍋子裡用熱氣燜著，也能變熟軟)，上桌前半分鐘再加入魚丸、芹菜末、胡椒及香油。

lulu媽貼心話

1. 干貝耐煮，在湯中滾越久越香，口感越好。
2. 大火煮滾後一定要記得改用小火，不然湯汁容易混濁；而且小火慢燉排骨才容易燉爛。
3. 魚丸通常都是熟的，所以不需要在湯中滾太久。記得不要用肉丸代替魚丸，肉丸含油脂，不適合減肥。這道湯品也很適合小朋友。

功效

鱈魚是深海魚，含豐富不飽和脂肪酸、DHA、維生素A、維生素B、鈣、磷、鐵，可以開胃、降血脂、增強記憶力，很適合孕婦食用，產後食用可以補充奶水。

多吃鱈魚，對更年期的婦女很有幫助，可以補充賀爾蒙，舒緩更年期不適。一般女性吃，可以保護子宮機能、還能豐胸，對女性來說是好食物。

拾捌 清蒸鱈魚

材料： 鱈魚一片、青蒜半支、香菇絲少許、紅蘿蔔絲少許、薑絲少許、胡椒塩少許、米酒1小匙。

作法

1. 鱈魚先用米酒、塩、胡椒醃10~15分鐘。
2. 接著把鱈魚等所有材料放入鍋中用大火蒸到水滾，改用小火蒸8分鐘。

lulu媽貼心話

1. 蒸魚及煎魚時，如何確認魚已經熟了？用筷子戳魚，如果魚肉很容易戳入、且不會沾黏在筷子上就表示魚熟了。
2. 鱈魚要挑選中間部位，避開魚肚油膩的部分。這道菜很適合宴客，色香味俱全！

功效

這道湯品可以補充鈣質、增加奶水、增強視力。山藥含豐富膠質，除了豐胸還可以補氣。

這道魚骨湯喝起來會有些許腥味，但是對於有骨質疏鬆問題的中老年人來說是非常好的補鈣料理！而山藥本身有豐胸效果，女生多喝可以讓效果更明顯！

拾玖 山藥魚骨湯

材料： 山藥半斤、魚骨半斤(土魠魚骨或鮭魚骨都可以)、枸杞6兩、米酒半杯、米露水2瓶(有米露水再加米酒會更好，但如果沒有米露水，那米酒的分量就必須增加到3杯、再加水)、薑6片。

作法 魚骨川燙之後不需要再清洗，直接與枸杞、薑片加入米露水(米露水要淹過食材)，大火煮滾之後，改用小火煮2小時，加入山藥、米酒再煮20分鐘即可。

lulu媽貼心話

1. 魚骨、枸杞都不怕久煮，魚骨燉久顏色會呈白色。
2. 魚骨會有一些腥味，所以一定要用薑片去除腥味。

米露水是從米酒蒸餾而來，味甘醇、還是有酒味。做料理很適合，不限於坐月子的人用。

Grace瘦美人03

胖公主變身系列
瑜珈天后LuLu的瘦身美學

作　　者— LULU
發 行 人— 馮淑婉

出版發行— 趨勢文化出版有限公司
　　　　　板橋市漢生東路272之2號28樓
　　　　　電話◎(02)2962-1010
　　　　　傳眞◎(02)2962-1009

《感謝贊助》
服　　裝：溫慶珠
外景拍攝：悅禾泰式養身會館www.villa-like.com.tw

編　　輯— 小傑
文字協力—小倩・陳安儀・簡郁菁・何美蘭
校　　稿— LULU老師・selena・小傑・何美蘭
攝　　影— 莊崇賢
梳 化 妝— 林芳瀅
封面設計— R-one
內頁設計— 林麗香・小題大作設計工作室・張凱揚
網宣設計— 張凱揚・多多龍工作室

初版一刷日期— 2010年2月8日
法律顧問— 永然聯合法律事務所

ISBN◎ 978-986-82606-8-9
本書訂價◎新台幣 320元

國家圖書館預行編目資料

瑜珈天后LuLu的瘦身美學/LuLu作.—初版.—[臺
北縣]板橋市：趨勢文化出版, 2009.07面;公分

ISBN 978-986-82606-8-9(平裝)
1.減重 2.塑身 3.瑜珈
425.2　　　　　　　98011093

身材完美的瑜珈天后LULU
寫下她最實用的『40週好孕養胎法』要助妳好孕！！

不可思議的懷孕全記錄＋DVD
美麗LuLu的
獨家產前先修班！

首創國內第一本
知名瑜珈天后LuLu老師
為新手媽媽設計的
懷孕瑜珈影音書！

 香草集

香草集的芳療美學

香草集芳香療法系列是由英國**IFPA**國際專業芳療協會董事--**Veronica Sibley**
親自調配，精選多種天然植物精油與按摩油，以純天然的療癒力修護身體與心靈。

胖公主變身3 讀者專屬優惠　香草集芳療按摩油 買**1**送**1**

憑本券至全台香草集購買指定芳療按摩油
窈窕專用或美胸專用任**2**件，第**2**件免費！

瑜珈天后
LuLu的瘦身美學

How to
Keep Shape & Build
Your Perfect ,
Sexy Body With
Yoga

瑜珈天后
LuLu的瘦身美學

How to
Keep Shape & Build
Your Perfect ,
Sexy Body With
Yoga

瑜珈天后
LuLu的瘦身美學

How to
Keep Shape & Build
Your Perfect ,
Sexy Body With
Yoga

瑜珈天后
LuLu的瘦身美學

How to
Keep Shape & Build
Your Perfect ,
Sexy Body With
Yoga

瑜珈天后
LuLu的瘦身美學

How to
Keep Shape & Build
Your Perfect ,
Sexy Body With
Yoga